ΒΙΟΛΟΓΙΑ ΣΕ ΚΑΡΤΕΛΕΣ

ΟΙ ΒΑΣΙΚΕΣ ΕΝΝΟΙΕΣ ΓΙΑ Α', Β' & Γ' ΓΥΜΝΑΣΙΟΥ

ΓΕΩΡΓΙΑ ΠΙΝΝΑ - ΜΟΥΡΛΑ MD, MSC

well noted

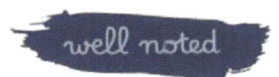

Copyright 2025   Εκδόσεις Well noted
ISBN e-book: 978-1-966931-47-8
ISBN έντυπης έκδοσης: 978-1-966931-48-5

Γραφιστικά – δημιουργικό εξωφύλλου: Εκδόσεις Well noted

Το παρόν εγχειρίδιο αξιοποιεί τα
σχολικά βιβλία βιολογίας ως κύρια πηγή
πληροφόρησης. Μέσω προσαρμογής και
εμπλουτισμού του υλικού, επιδιώκεται
μια πιο επεξηγηματική προσέγγιση.

Εκδόσεις Well noted
Λοχαγού Χρονόπουλου 19, 17455 Αθήνα
Τηλ.: 210 984 2939
www.wellnoted.gr
email: info@wellnoted.gr

Περιεχόμενα

Περιεχόμενα

Περιεχόμενα

Περιεχόμενα

Περιεχόμενα

Περιεχόμενα

Η βιολογία

Η βιολογία είναι η επιστήμη της ζωής.

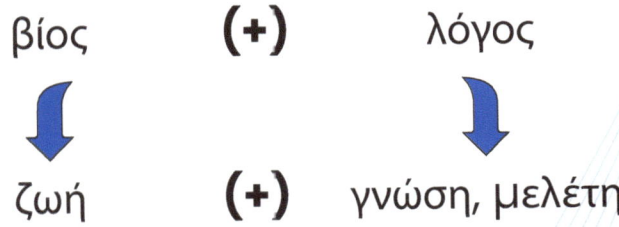

βίος   **(+)**   λόγος

ζωή   **(+)**   γνώση, μελέτη

Μελετά:

▸ τα φαινόμενα της ζωής
▸ τους ζωντανούς οργανισμούς

Ο επιστήμονας που ασχολείται
με τη βιολογία λέγεται βιολόγος.

Οι κλάδοι της Βιολογίας

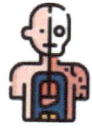 Ανατομία

 Ανθρωπολογία

 Βιοτεχνολογία

 Βοτανική

 Γενετική

 Φυσιολογία

 Εξελικτική βιολογία

 Ζωολογία

 Κυτταρική Βιολογία

 Μικροβιολογία

 Μοριακή βιολογία

 Οικολογία

Η επιστημονική μέθοδος

Οι διαδικασίες τις οποίες εφαρμόζουν οι επιστήμονες προκειμένου:

1. να ερευνήσουν φαινόμενα του φυσικού κόσμου
2. να καταλήξουν σε συμπεράσματα
3. να επικοινωνήσουν τα αποτελέσματα της έρευνάς τους

Οι διαδικασίες της επιστημονικής μεθόδου:

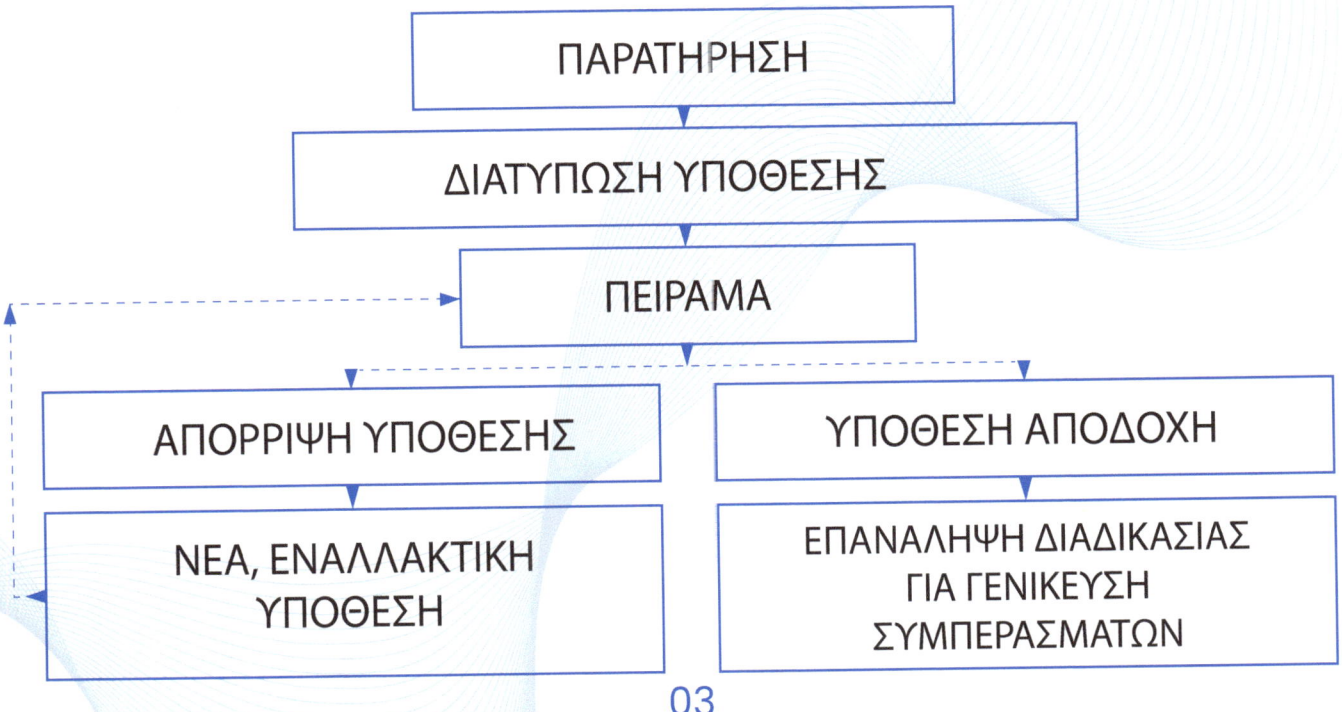

Το κύτταρο

Το κύτταρο είναι η βασική μονάδα της ζωής.

ΚΥΤΤΑΡΙΚΗ ΘΕΩΡΙΑ

1. Το κύτταρο είναι η θεμελιώδης

✦ δομική & ✦ λειτουργικη

μονάδα
όλων των οργανισμών.

2. Κάθε κύτταρο προέρχεται από ένα άλλο κύτταρο.

Ταξινόμηση των κυττάρων

Έχουν πυρηνική μεμβράνη;

αν ναι

αν όχι

ΕΥΚΑΡΥΩΤΙΚΑ

ΠΡΟΚΑΡΥΩΤΙΚΑ

▶ ΖΩΙΚΑ

▶ ΒΑΚΤΗΡΙΑ

▶ ΦΥΤΙΚΑ

▶ ΜΥΚΗΤΕΣ

▶ ΠΡΩΤΟΖΩΑ

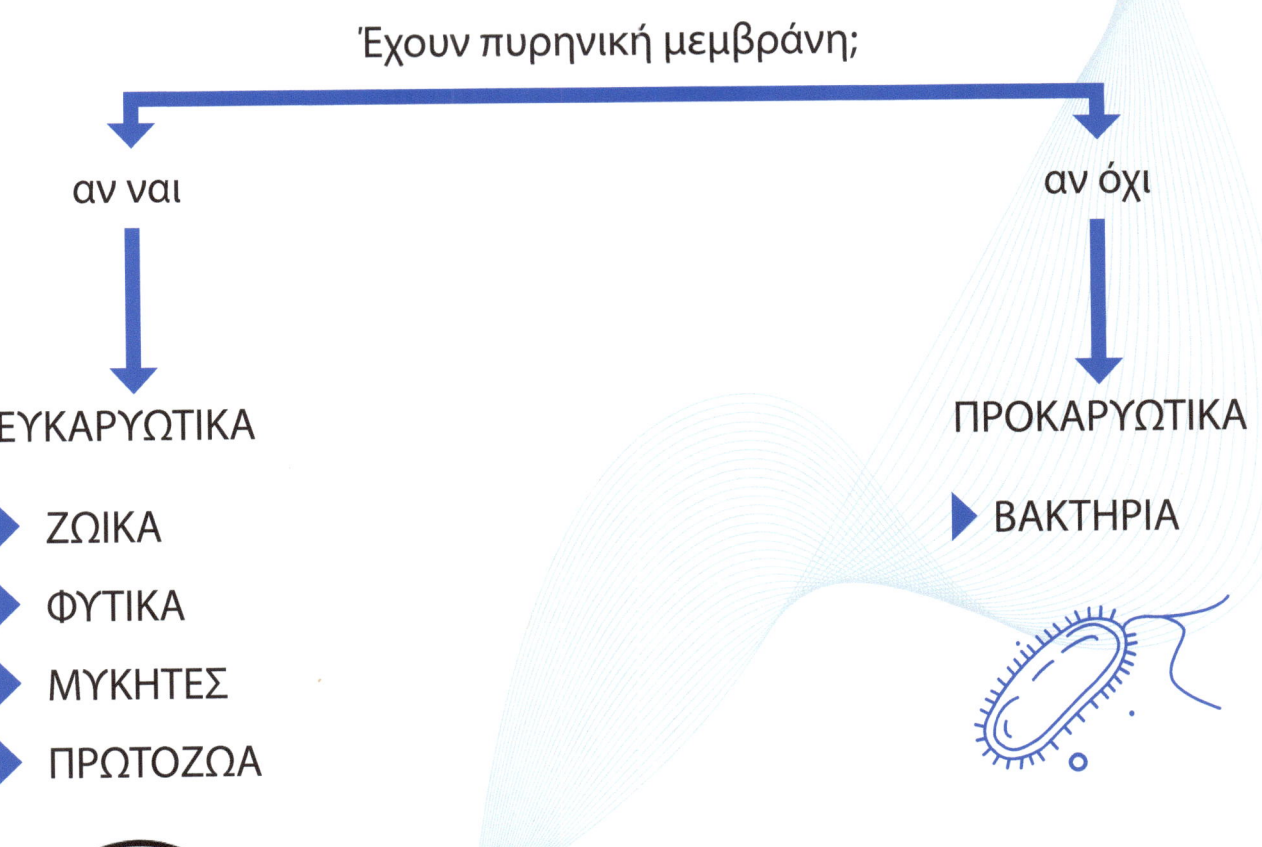

Προκαρυωτικό κύτταρο

Προκαρυωτικό ονομάζεται το κύτταρο του οποίου το γενετικό υλικό ΔΕΝ περιβάλλεται από πυρηνική μεμβράνη.

οι πιο χαρακτηριστικοί προκαρυωτικοί οργανισμοί είναι τα βακτήρια, τα οποία:

▶ 1. είναι μονοκύτταροι οργανισμοί με απλή δομή

▶ 2. δεν διαθέτουν οργανίδια

▶ 3. περιβάλλονται από πλασματική μεμβράνη

▶ 4. περιβάλλονται από κυτταρικό τοίχωμα (μερικά από κάψα)

▶ 5. συχνά κινούνται με μαστίγια ή βλεφαρίδες

▶ 6. στο κυτταρόπλασμά τους έχουν ελεύθερα ριβοσώματα στα οποία γίνεται η πρωτεϊνοσύνθεση

▶ 7. για να επιβιώσουν σε αντίξοες συνθήκες (π.χ.: πολύ υψηλές ή πολύ χαμηλές θερμοκρασίες) αφυδατώνονται και μετατρέπονται σε ενδοσπόρια παραμένοντας έτσι μέχρι οι συνθήκες να ξαναγίνουν ευνοϊκές.

Ευκαρυωτικό κύτταρο

Ευκαρυωτικό ονομάζεται το κύτταρο του οποίου
το γενετικό υλικό (DNA) περιβάλλεται από πυρηνική μεμβράνη.

το ευκαρυωτικό κύτταρο:

▶ **1.** απαντάται σε όλους τους πολυκύτταρους οργανισμούς, όπως
ζώα, φυτά, μύκητες και πρωτόζωα

▶ **2.** είναι πιο πολύπλοκο από το προκαρυωτικό κύτταρο

▶ **3.** διαθέτει υποδοχείς στην εξωτερική του μεμβράνη
μέσω των οποίων επικοινωνεί με το εξωτερικό του περιβάλλον

▶ **4.** περιέχει πυρήνα ο οποίος περιβάλλεται από πυρηνική μεμβράνη
όπου βρίσκεται το DNA, οργανωμένο σε χρωμοσώματα

▶ **5.** περιέχει οργανίδια

▶ **6.** πολλαπλασιάζεται μέσω της μίτωσης και της μείωσης

Κυτταρικό τοίχωμα

το κυτταρικό τοίχωμα:

▶ περιβάλλει την πλασματική μεμβράνη των φυτικών κυττάρων

▶ αποτελείται από κυτταρίνη

▶ προσφέρει στο κύτταρο

- ανθεκτικότητα
- μηχανική στήριξη
- σχήμα

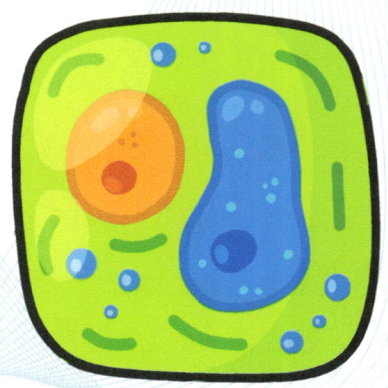

▶ είναι συνήθως διαπερατό επιτρέποντας, έτσι, τη μεταφορά:
- νερού
- ανόργανων συστατικών
- θρεπτικών ουσιών

Πλασματική μεμβράνη

η πλασματική μεμβράνη:

▶ **περιβάλλει** και **οριοθετεί** το κύτταρο

▶ **ρυθμίζει** την **είσοδο** και την **έξοδο ουσιών**, διατηρώντας τις ενδοκυτταρικές συνθήκες σταθερές

▶ **επιτρέπει** την **ενεργητική & παθητική μεταφορά**
- θρεπτικών συστατικών
- ιόντων
- αποβλήτων

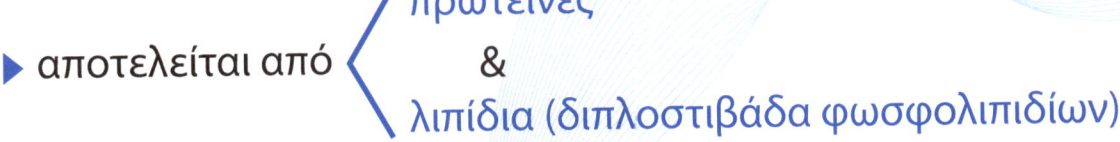

▶ αποτελείται από
- πρωτεΐνες
- &
- λιπίδια (διπλοστιβάδα φωσφολιπιδίων)

τα φωσφολιπίδια έχουν • υδρόφιλα μέρη (κεφαλή)
& • υδρόφοβα μέρη (ουρές)

Κυτταρόπλασμα

το κυτταρόπλασμα:

▶ καταλαμβάνει τον χώρο ανάμεσα ⟨ στον πυρήνα
& την πλασματική μεμβράνη

▶ περιέχει τα οργανίδια του κυττάρου

▶ έχει ζελατινώδη υφή

▶ φιλοξενεί τις μεταβολικές διεργασίες του κυττάρου

▶ συμβάλλει • στην παραγωγή ενέργειας &
• την απομάκρυνση αποβλήτων

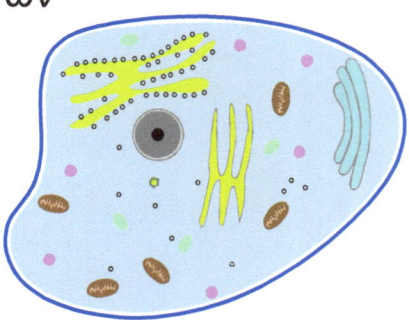

Πυρήνας

ο πυρήνας:

▶ είναι το κέντρο ελέγχου του κυττάρου

▶ περιβάλλεται από μεμβράνη (πυρηνική μεμβράνη)

▶ περιέχει το γενετικό υλικό του κυττάρου (DNA)

▶ ελέγχουν την πρωτεϊνική σύνθεση με τη ρύθμιση της μεταγραφής

▶ περιέχει τον πυρηνίσκο, μία πυκνή, σφαιρική δομή που συνθέτει ριβοσωμικό RNA (rRNA)

ο αριθμός πυρήνων μπορεί να ποικίλλει:
τα περισσότερα κύτταρα έχουν έναν πυρήνα, αλλά υπάρχουν επίσης:

▶ πολυπύρηνα κύτταρα → π.χ: μυϊκά κύτταρα
&
▶ απύρηνα κύτταρα → π.χ: ερυθρά αιμοσφαίρια

Αδρό ενδοπλασματικό δίκτυο

Το αδρό ενδοπλασματικό δίκτυο:

▶ είναι ένα δίκτυο μεμβρανών

▶ έχει ριβοσώματα στην επιφάνειά του

▶ παίζει κεντρικό ρόλο στην πρωτεϊνική σύνθεση

▶ συμμετέχει

- στην αναδίπλωση
- στη μεταφορά
- στον ποιοτικό έλεγχο

των πρωτεϊνών προκειμένου να διασφαλίσει

τη σωστή δομή και λειτουργικότητά τους

Ριβοσώματα

τα ριβοσώματα:

▶ βρίσκονται:
- στο αδρό ενδοπλασματικό δίκτυο
- ελεύθερα στο κυτταρόπλασμα

▶ απαρτίζονται από δύο υπομονάδες, μία μικρή και μία μεγάλη

▶ αποτελούνται από πρωτεΐνες και rRNA

▶ είναι τα οργανίδια στα οποία γίνεται η πρωτεϊνοσύνθεση

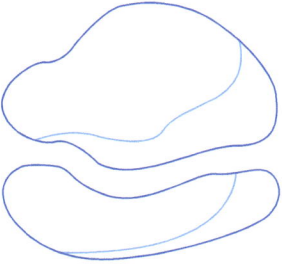

Λείο ενδοπλασματικό δίκτυο

το λείο ενδοπλασματικό δίκτυο:

▶ είναι ένα δίκτυο μεμβρανών

▶ δεν έχει ριβοσώματα

▶ είναι υπεύθυνο για τη σύνθεση λιπιδίων

▶ λειτουργεί ως αποθήκη ιόντων ασβεστίου

▶ συμβάλλει στον μεταβολισμό των υδατανθράκων, βοηθώντας στη διάσπαση του αποθηκευμένου γλυκογόνου σε γλυκόζη

▶ βοηθά στην εξουδετέρωση επιβλαβών ουσιών

Μιτοχόνδρια

τα μιτοχόνδρια:

▶ εξασφαλίζουν την ενέργεια που απαιτείται
για την επιβίωση και τη λειτουργία του κυττάρου

▶ είναι τα οργανίδια στα οποία επιτελείται η κυτταρική αναπνοή

▶ είναι απαραίτητα για τη διατήρηση της ομοιόστασης του ασβεστίου

▶ εμπλέκονται στον πολλαπλασιασμό των βλαστοκυττάρων*

> * ΒΛΑΣΤΟΚΥΤΤΑΡΑ: αδιαφοροποίητα κύτταρα που
> αυτοανανέωνονται και διαφοροποιούνται,
> συμβάλλοντας στην ανάπτυξη και την αναγέννηση ιστών

▶ ποικίλλουν σε αριθμό ανάλογα με τις ενεργειακές ανάγκες του
κυττάρου
(π.χ.: τα μυϊκά κύτταρα του ανθρώπου έχουν πολλά μιτοχόνδρια
γιατί χρειάζονται πολλή ενέργεια)

Σύμπλεγμα Golgi

το σύμπλεγμα Golgi:

▶ αποτελείται από παράλληλους πεπλατυσμένους σάκους

▶ συγκεντρώνει & τροποποιεί τις Πρωτεΐνες & τα λιπίδια

που παράγονται

στο αδρό ενδοπλασματικό δίκτυο

• είτε για εξαγωγή από το κύτταρο

• είτε για χρήση στο εσωτερικό του

η μεταφορά των πρωτεϊνών & των λιπιδίων
από το ενδοπλασματικό δίκτυο ➡ προς το σύμπλεγμα Golgi
γίνεται

είτε μέσω της άμεσης σύνδεσης των μεμβρανών των δύο οργανιδίων
είτε με τη βοήθεια κυστιδίων

Λυσοσώματα

Τα λυσοσώματα:

▶ περιβάλλονται από μεμβράνη

▶ περιέχουν υδρολυτικά ένζυμα,
       τα οποία συντελούν στη διάσπαση

1. μακρομορίων (π.χ.: πρωτεϊνών, λιπιδίων, υδατανθράκων)

    &

2. μικροοργανισμών (π.χ.: βακτηρίων, ιών)

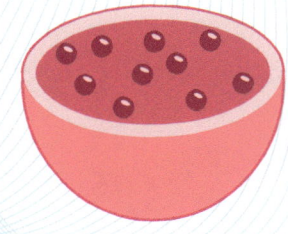

! Τα ένζυμα αυτά είναι τόσο δραστικά,
ώστε αν δεν βρίσκονταν μέσα στα λυσοσώματα,
αλλά ελεύθερα στο εσωτερικό του κυττάρου, θα το κατέστρεφαν.

Κενοτόπια

Τα κενοτόπια:

▶ είναι κυστίδια που αποθηκεύουν
○ νερό   συμβάλλοντας στην κυτταρική ομοιόσταση
○ θρεπτικές ουσίες
○ απόβλητα

είναι συνήθως   ○ μεγάλα & κεντρικά στα φυτικά κύτταρα
                ○ μικρότερα & πιο εξειδικευμένα στα ζωικά κύτταρα

συμβάλλουν στη διατήρηση του pH και της ιοντικής ισορροπίας του κυττάρου

πεπτικά κενοτόπια ➡ κυρίως στα ζωικά κύτταρα

χυμοτόπια ➡ κυρίως στα φυτικά κύτταρα

Χλωροπλάστες

Οι χλωροπλάστες:

▶ περιέχουν χλωροφύλλη (μια πράσινη χρωστική)
η οποία είναι απαραίτητη για τη φωτοσύνθεση

▶ μετατρέπουν την ηλιακή ενέργεια σε χημική ενέργεια που
αποθηκεύεται σε υδατάνθρακες

▶ μπορούν να μετατρέψουν την περίσσεια γλυκόζης σε άμυλο

▶ βοηθούν στην παραγωγή αμινοξέων, τα οποία είναι απαραίτητα
δομικά συστατικά των πρωτεϊνών και άλλα ζωτικής σημασίας μόρια

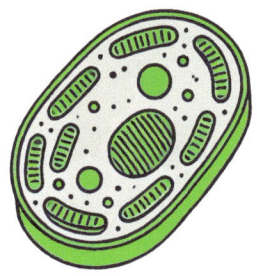

Ομοιότητες & διαφορές των κυττάρων

	ΕΥΚΑΡΥΩΤΙΚΑ		ΠΡΟΚΑΡΥΩΤΙΚΑ
	ΦΥΤΙΚΑ	ΖΩΙΚΑ	
ΚΥΤΤΑΡΙΚΟ ΤΟΙΧΩΜΑ	✓	✗	✓
ΠΛΑΣΜΑΤΙΚΗ ΜΕΜΒΡΑΝΗ	✓	✓	✓
ΚΥΤΤΑΡΟΠΛΑΣΜΑ	✓	✓	✓
ΠΥΡΗΝΑΣ	✓	✓	✗
ΠΥΡΗΝΙΚΗ ΜΕΜΒΡΑΝΗ	✓	✓	✗
ΕΝΔΟΠΛΑΣΜΑΤΙΚΟ ΔΙΚΤΥΟ	✓	✓	✗
ΡΙΒΟΣΩΜΑΤΑ	✓	✓	✓
ΜΙΤΟΧΟΝΔΡΙΑ	✓	✓	✗
ΣΥΜΠΛΕΓΜΑ GOLGI	✓	✓	✗
ΛΥΣΟΣΩΜΑΤΑ	✗	✓	✗
ΚΕΝΟΤΟΠΙΑ	✓	✓	✗
	πεπτικά κενοτόπια	χυμοτόπια	
ΧΛΩΡΟΠΛΑΣΤΕΣ	✓	✗	✗
ΜΑΣΤΙΓΙΑ / ΒΛΕΦΑΡΙΔΕΣ	✗	✗	✓

Μονοκύτταροι & πολυκύτταροι οργανισμοί

! Οι οργανισμοί που αποτελούνται από ένα μόνο κύτταρο λέγονται μονοκύτταροι.

π.χ.: αμοιβάδα

*ορατοί μόνο με το μικροσκόπιο

! Οι οργανισμοί που αποτελούνται από πολλά κύτταρα λέγονται πολυκύτταροι.

π.χ.: ζώα, φυτά

Στάδια οργάνωσης των πολυκύτταρων οργανισμών

ΚΥΤΤΑΡΟ	ΙΣΤΟΣ	ΟΡΓΑΝΟ	ΣΥΣΤΗΜΑ ΟΡΓΑΝΩΝ	ΟΡΓΑΝΙΣΜΟΣ
ερυθρό αιμοσφαίριο μεταφέρει οξυγόνο	αίμα	καρδιά	κυκλοφορικό σύστημα	ζώο
νευρικό κύτταρο μεταφέρει μηνύματα	νευρικός ιστός	εγκέφαλος	νευρικό σύστημα	ζώο
μυϊκό κύτταρο βοηθά στην κίνηση	μυϊκός ιστός	μυς		ζώο
φυτικό κύτταρο	ιστός από φυτικά κύτταρα	άνθος βλαστός ρίζα	τα φυτά ΔΕΝ έχουν συστήματα οργάνων	φυτό

Βασικές λειτουργίες ζωντανών οργανισμών

Όλοι οι ζωντανοί οργανισμοί:

1. τρέφονται
2. αναπνέουν
3. απεκκρίνουν
4. αναπαράγονται
5. αναπτύσσονται
6. εμφανίζουν ερεθιστικότητα
7. εξελίσσονται

Οι οργανισμοί τρέφονται

▶ **Γιατί;**

Η τροφή παρέχει στους οργανισμούς ενέργεια και χρήσιμα υλικά με τα οποία:

1. συνθέτουν τις δικές τους ουσίες
2. επιτελούν τις λειτουργίες τους

▶ **Πώς;**

Οι οργανισμοί εξασφαλίζουν την τροφή τους με διάφορους τρόπους.

 οι αγελάδες τρέφονται με χόρτα

 οι φώκιες με μικρά ψάρια

 οι άνθρωποι με φυτά και ζώα

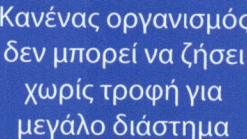
Κανένας οργανισμός δεν μπορεί να ζήσει χωρίς τροφή για μεγάλο διάστημα

 τα φυτά φωτοσυνθέτουν
χρησιμοποιούν νερό & διοξείδιο του άνθρακα και με τη βοήθεια της ηλιακής ενέργειας, παράγουν μόνα τους την τροφή τους

Οι οργανισμοί αναπνέουν

▶ Γιατί;

Όλοι οι οργανισμοί αναπνέουν γιατί όλοι οι οργανισμοί χρειάζονται ενέργεια.

▶ Πώς;

Κάθε τροφή περιέχει ορισμένες ουσίες ✪ που είναι αποθήκες ενέργειας. ✪

Αναπνέοντας, οι οργανισμοί «παίρνουν» οξυγόνο.

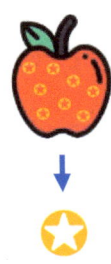

Αφού φάμε,

οι ουσίες αυτές

με τη βοήθεια του οξυγόνου

απελευθερώνουν την ενέργεια που περιέχουν

Οι οργανισμοί απεκκρίνουν

▶ Γιατί;

Διότι κατά την επεξεργασία της τροφής, εκτός από χρήσιμες, παράγονται και άχρηστες ουσίες οι οποίες πρέπει να απομακρυνθούν από τον οργανισμό.

▶ Πώς;

 τα ζώα: με τον ιδρώτα, τα ούρα & τα κόπρανα

 τα φυτά: αποθηκεύουν τις άχρηστες ουσίες στα φύλλα τους

τα φύλλα έπειτα, ξεραίνονται και πέφτουν

Οι οργανισμοί αναπαράγονται

▶ **Γιατί;**

Με την αναπαραγωγή εξασφαλίζεται η συνέχιση & η διατήρηση της ζωής επάνω στη Γη.

Οι απόγονοι:

1. εμφανίζουν μεγάλη ομοιότητα με τους γονείς τους
2. επιβιώνουν και μετά τον θάνατο των γονιών τους

▶ **Πώς;**

Οι οργανισμοί αναπαράγονται δημιουργώντας απογόνους.

Ζώα:

 η γάτα γεννά γατάκια

 το σαλιγκάρι γεννά αυγά από τα οποία βγαίνουν σαλιγκαράκια

Φυτά:

 από τους σπόρους φυτρώνουν νέα φυτά

Οι οργανισμοί αναπτύσσονται

▶ Πώς;

Όλοι οι οργανισμοί αναπτύσσονται, δηλαδή:

▶ αυξάνεται η μάζα &

▶ αυξάνεται ο όγκος τους

Αυτό συμβαίνει με την τροφή, από την οποία οι οργανισμοί παίρνουν ενέργεια και ουσίες τις οποίες χρησιμοποιούν και δημιουργούν τις δικές τους.

Ζώα:

Τα ζώα κάποια στιγμή αποκτούν το τελικό τους μέγεθος και σταματούν να αναπτύσσονται .
Το τελικό μέγεθος είναι διαφορετικό για κάθε οργανισμό.

Φυτά:

Τα φυτά αναπτύσσονται
• αυξάνοντας το ύψος και το πάχος του βλαστού τους &
• δημιουργώντας νέα φύλλα και βλαστούς.

Οι οργανισμοί εμφανίζουν ερεθιστικότητα

▶ Γιατί;

Όλοι οι οργανισμοί ζουν σε κάποιο περιβάλλον.
Οι συνθήκες του περιβάλλοντος αυτού

⤷ άλλοτε ευνοούν την επιβίωση των οργανισμών &

⤷ άλλοτε την απειλούν

Οι οργανισμοί προσπαθούν να εξασφαλίσουν τις καλύτερες συνθήκες

✓ για την επιβίωσή τους
✓ για την αναπαραγωγή τους.

Έτσι, όταν οι συνθήκες του περιβάλλοντος μεταβάλλονται, οι οργανισμοί εμφανίζουν ερεθιστικότητα.

▶ Πώς;

🦎 Η σαύρα προστατεύεται στη σκιά όταν κάνει πολλή ζέστη.

🐌 Τα σαλιγκάρια κυκλοφορούν όταν βρέχει. Όταν δεν βρέχει τρυπώνουν μέσα στο χώμα για να αποφύγουν την ξηρασία.

🌱 Τα φυτά στρέφουν τα φύλλα τους προς το φως για να φωτοσυνθέσουν, δηλαδή να τραφούν και να αναπτυχθούν.

Οι οργανισμοί εξελίσσονται

 Η ηλικία της Γης υπολογίζεται περίπου στα 5 δισεκατομμύρια χρόνια.

 Η εμφάνιση των πρώτων μορφών ζωής τοποθετείται πριν από 3,5 δισεκατομμύρια χρόνια περίπου.

 Από τότε η ζωή εξελίσσεται.

Νέοι οργανισμοί διαδέχονται παλαιότερους.

Η εξέλιξη είναι ένα χαρακτηριστικό της ζωής.

Συστηματική ταξινόμηση των έμβιων όντων

ΕΙΔΟΣ ➡

οργανισμοί που έχουν παρόμοια χαρακτηριστικά & αναπαράγονται μεταξύ τους

ΓΕΝΟΣ ➡
ένα ή περισσότερα συγγενικά είδη

ΟΙΚΟΓΕΝΕΙΑ ➡
ένα ή περισσότερα συγγενικά γένη

ΤΑΞΗ ➡
μία ή περισσότερες συγγενικές οικογένειες

ΟΜΟΤΑΞΙΑ ➡
μία ή περισσότερες συγγενικές τάξεις

ΦΥΛΟ ➡
μία ή περισσότερες συγγενικές ομοταξίες

ΒΑΣΙΛΕΙΟ ➡
Όλοι οι οργανισμοί κατατάσσονται σε πέντε βασίλεια:
1. μονήρη
2. πρώτιστα
3. φυτά
4. ζώα
5. μύκητες

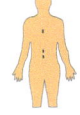 Homo Sapiens

 Olea europea

Διατροφική κατηγοριοποίηση οργανισμών

Αυτότροφοι ή παραγωγοί

- χερσαία φυτά
- υδρόβια φυτά
- οργανισμοί φυτοπλαγκτού

Ετερότροφοι

Καταναλωτές

- Ζώα

Αποικοδομητές

- βακτήρια
- μύκητες
- πρωτόζωα

Αυτότροφοι οργανισμοί ή παραγωγοί

1. συνθέτουν μόνοι την τροφή τους

2. προμηθεύονται απ' το περιβάλλον ανόργανες χημικές ενώσεις:

> ▶ νερό (H_2O)
>> ▶ διοξείδιο του άνθρακα (CO_2) &
>>> ▶ άλατα

και με τη βοήθεια της ηλιακής ενέργειας,
τις μετατρέπουν σε

> ▶ γλυκόζη &
>> ▶ οξυγόνο

3. διασπούν τις οργανικές ενώσεις που συνθέτουν προκειμένου να εξασφαλίσουν ενέργεια για τις ανάγκες τους

Ετερότροφοι οργανισμοί

Οι ετερότροφοι οργανισμοί

▶ δεν φωτοσυνθέτουν

▶ αξιοποιούν άμεσα ή έμμεσα τις οργανικές ενώσεις που έχουν αποθηκευτεί από τους αυτότροφους οργανισμούς (τα αποθέματα)

▶ έχουν ποικίλες διατροφικές συνήθειες

▶ διακρίνονται σε καταναλωτές και αποικοδομητές

Καταναλωτές

▶ τρέφονται με φυτά ή άλλα ζώα

▶ χρησιμοποιούν μέρος της ενέργειας που παράγεται για την κάλυψη των αναγκών τους

(ΚΥΤΤΑΡΙΚΗ ΑΝΑΠΝΟΗ ⊠ γλυκόζη (+) οξυγόνο → διοξείδιο του άνθρακα (+) νερό (+) ενέργεια)

		φυτοφάγα ζώα
καταναλωτές 1ης τάξης	τρέφονται άμεσα με παραγωγούς	η αγελάδα το πρόβατο οι οργανισμοί του ζωοπλαγκτού
		σαρκοφάγα ζώα
καταναλωτές 2ης τάξης	τρέφονται με φυτοφάγα	ο λύκος το φίδι
		σαρκοφάγα ζώα
καταναλωτές 3ης τάξης	τρέφονται με καταναλωτές 2ης τάξης	ο αετός ο βακαλάος

Αποικοδομητές

τρέφονται με

▶ ουσίες νεκρών οργανισμών

ή

▶ τμήματα νεκρών οργανισμών

▶ παραδείγματα αποτελούν:

● τα βακτήρια
● οι μύκητες
● τα πρωτόζωα

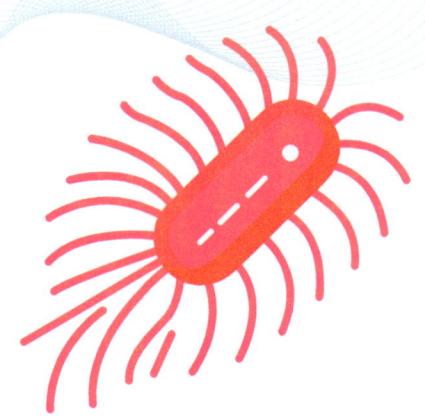

Ροή ενέργειας

Ροή Ενέργειας = η διανομή της ενέργειας στους οργανισμούς του οικοσυστήματος μέσω των τροφικών σχέσεων που αναπτύσσονται μεταξύ τους.

 ο ήλιος είναι η κύρια πηγή της τροφοδότησης των οικοσυστημάτων με ενέργεια

Η ενέργεια διανέμεται

→ από τον ήλιο
→ στους παραγωγούς
   (μέσω της φωτοσύνθεσης)
→ στους υπόλοιπους οργανισμούς
   (μέσω τροφικών σχέσεων)

Οι μορφές ενέργειας που δεν αξιοποιούνται από τους οργανισμούς (π.χ. θερμότητα) χαρακτηρίζονται ως «ενεργειακές απώλειες».

Τροφικές σχέσεις

Οι οργανισμοί ενός οικοσυστήματος

(αυτότροφοι & ετερότροφοι)

συνδέονται με τροφικές σχέσεις.

| Παραγωγός | Καταναλωτής 1ης τάξης | Καταναλωτής 2ης τάξης |

ΤΡΟΦΙΚΕΣ ΣΧΕΣΕΙΣ ΜΕΤΑΞΥ ΟΡΓΑΝΙΣΜΩΝ

Τροφικό πλέγμα

Κάθε καταναλωτής μπορεί να τρέφεται

με οργανισμούς που ανήκουν

σε διαφορετικούς πληθυσμούς.

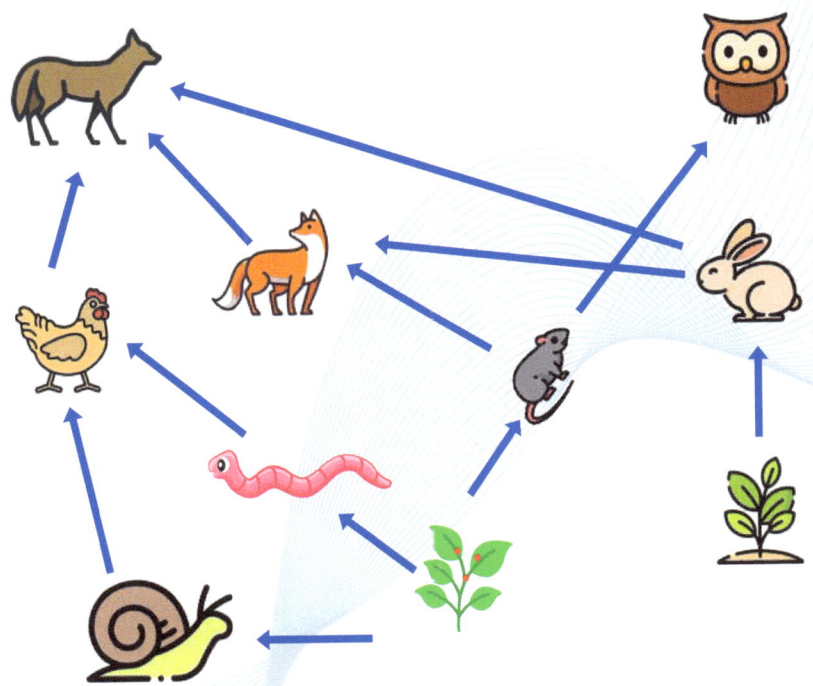

ΤΡΟΦΙΚΟ ΠΛΕΓΜΑ

Τροφική πυραμίδα πληθυσμού

▶ Οι πληθυσμοί ενός οικοσυστήματος κατατάσσονται σε τροφικά επίπεδα.

▶ Κάθε τροφικό επίπεδο περιλαμβάνει
↳ τους πληθυσμούς που χρησιμοποιούνται ως κύρια τροφή
↳ τους πληθυσμούς του αμέσως επόμενου επιπέδου

▶ προχωρώντας

⎾ από το επίπεδο
των παραγωγών
προς τα επίπεδα
⎿ ▶ των ανώτερων καταναλωτών

παρατηρούμε μείωση πληθυσμού.

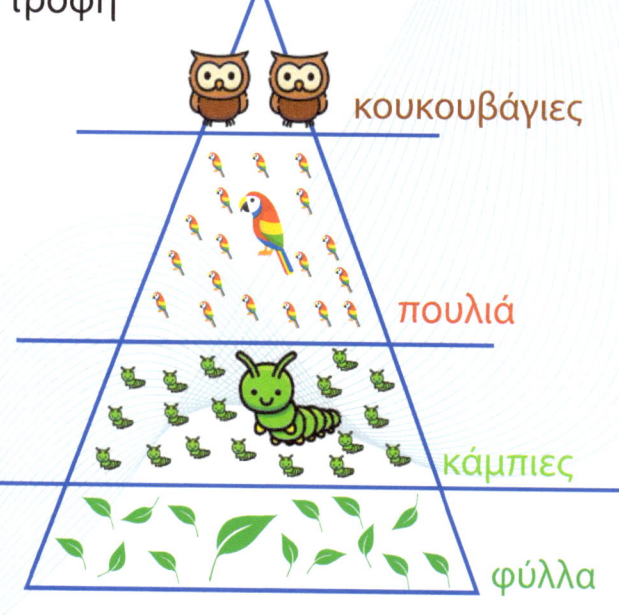

κουκουβάγιες

πουλιά

κάμπιες

φύλλα

ΤΡΟΦΙΚΗ ΠΥΡΑΜΙΔΑ ΠΛΗΘΥΣΜΟΥ

☀ Πηγή της ενέργειας είναι ο ήλιος.
☀ Πηγή των θρεπτικών ουσιών είναι οι παραγωγοί.

αν

▸ αφαιρέσουμε το νερό &

▸ μετρήσουμε την ξηρή μάζα (βιομάζα)

των οργανισμών κάθε τροφικού επιπέδου,

μπορούμε να κατασκευάσουμε μια
τροφική πυραμίδα βιομάζας

ΠΥΡΑΜΙΔΑ ΒΙΟΜΑΖΑΣ

Τροφική πυραμίδα ενέργειας

▶ το μεγαλύτερο ποσό ενέργειας περιέχεται στο πρώτο τροφικό επίπεδο (παραγωγοί)

▶ το ποσό αυτό μειώνεται από το κατώτερο προς τα ανώτερα επίπεδα

▶ έτσι σχηματίζεται μια τροφική πυραμίδα ενέργειας

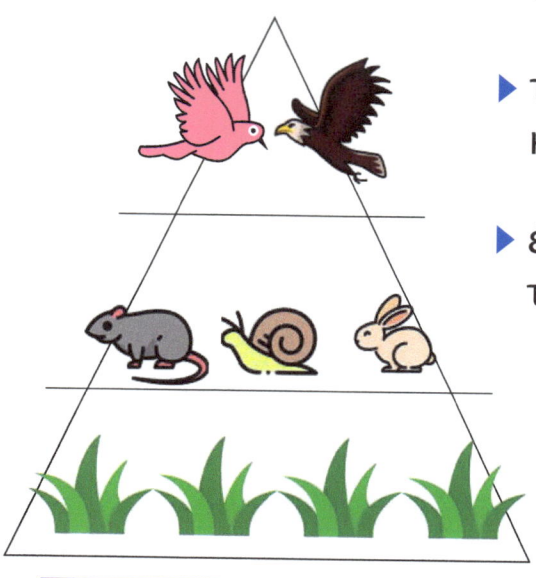

ΠΥΡΑΜΙΔΑ ΕΝΕΡΓΕΙΑΣ

Καθώς μειώνεται] ο αριθμός των οργανισμών & η βιομάζα] μειώνεται ανάλογα] και το ποσό ενέργειας

Φωτοσύνθεση

φωτοσύνθεση:
η σύνθεση πολύπλοκων φυσικών ουσιών με τη βοήθεια της ηλιακής ακτινοβολίας από παραγωγούς ή αυτότροφους οργανισμούς

οι αυτότροφοι οργανισμοί (ή παραγωγοί):

1. προμηθεύονται απ' το περιβάλλον H_2O, CO_2 & άλατα
2. συνθέτουν γλυκόζη και O_2 με τη βοήθεια της ηλιακής ενέργειας

χλωροφύλλη

διοξείδιο του άνθρακα (+) H_2O ⟶ οξυγόνο (+) γλυκόζη

ηλιακή ακτινοβολία

πραγματοποιείται στους χλωροπλάστες, οι οποίοι έχουν μια χρωστική ουσία, τη χλωροφύλλη, που δεσμεύει την ηλιακή ακτινοβολία

Στη χλωροφύλλη οφείλεται το πράσινο χρώμα των φυτών.

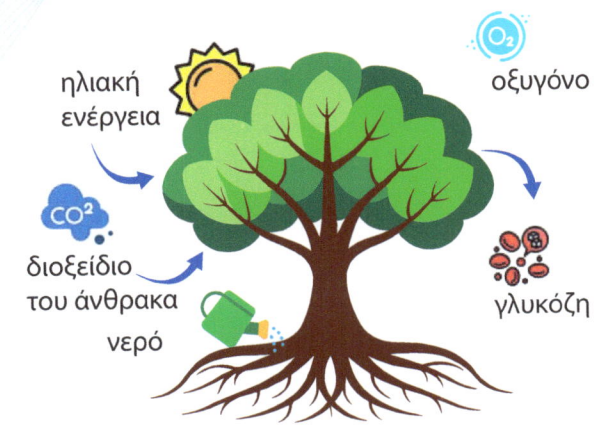

ηλιακή ενέργεια

O_2 οξυγόνο

CO^2 διοξείδιο του άνθρακα

νερό

γλυκόζη

Κυτταρική αναπνοή

Η κυτταρική αναπνοή είναι η διαδικασία με την οποία
τα κύτταρα παράγουν ενέργεια (ATP) από τη διάσπαση της γλυκόζης,

- χρησιμοποιώντας οξυγόνο &
- απελευθερώνοντας διοξείδιο του άνθρακα και νερό ως υποπροϊόντα.

Η διαδικασία περιλαμβάνει τρία στάδια:

1. Γλυκόλυση (στο κυτταρόπλασμα)

διάσπαση της γλυκόζης σε πυροσταφυλικό οξύ

2. Κύκλος του Krebs (στα μιτοχόνδρια)

επεξεργασία του πυροσταφυλικού για παραγωγή ηλεκτρονίων

3. Οξειδωτική φωσφορυλίωση (στη μεμβράνη των μιτοχονδρίων)

τα ηλεκτρόνια μετατρέπουν το οξυγόνο και το υδρογόνο σε νερό &
παράγεται ATP

Μεταβολισμός

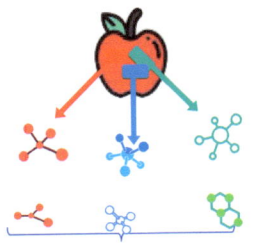

Ο οργανισμός χρειάζεται ενέργεια για να λειτουργήσει. Την ενέργεια αυτή την παίρνει από την τροφή η οποία αποτελείται από διάφορες χημικές ενώσεις.
Ο οργανισμός, τις χημικές ενώσεις της τροφής, τις διασπά σε μόρια. Στη συνέχεια, τα μόρια αυτά τα χρησιμοποιεί για να συνθέσει δικές του χημικές ενώσεις.

ΚΑΤΑΒΟΛΙΣΜΟΣ

Οι αντιδράσεις διάσπασης των χημικών ενώσεων σε μόρια (απελευθερώνεται ενέργεια- ΕΞΩΘΕΡΜΗ ΑΝΤΙΔΡΑΣΗ)

ΑΝΑΒΟΛΙΣΜΟΣ

Οι αντιδράσεις σύνθεσης χημικών ενώσεων από τα μόρια (καταναλώνεται ενέργεια - ΕΝΔΟΘΕΡΜΗ ΑΝΤΙΔΡΑΣΗ)

ΜΕΤΑΒΟΛΙΣΜΟΣ = ΑΝΑΒΟΛΙΣΜΟΣ (+) ΚΑΤΑΒΟΛΙΣΜΟΣ

▼

Το σύνολο των χημικών αντιδράσεων διάσπασης & σύνθεσης ουσιών που πραγματοποιούνται στα κύτταρα του οργανισμού με σκοπό την παραγωγή και κατανάλωση ενέργειας.

Ομοιόσταση

Ομοιόσταση:

η ικανότητα των ζωντανών οργανισμών να διατηρούν το εσωτερικό τους περιβάλλον σχετικά σταθερό, ανεξάρτητα από τις συνθήκες του εξωτερικού περιβάλλοντος στο οποίο ζουν

Η ομοιόσταση είναι ένας μηχανισμός αυτορρύθμισης.

Για την ομοιόσταση απαιτούνται:
1. ενέργεια
2. συντονισμός της λειτουργίας οργάνων & συστημάτων

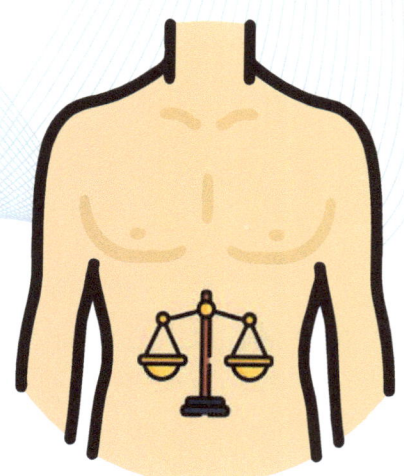

Ομοιοστατικοί μηχανισμοί

ομοιοστατικοί μηχανισμοί:
οι μηχανισμοί με τους οποίους επιτυγχάνεται η ομοιόσταση

με τέτοιους μηχανισμούς ρυθμίζονται:

1. η θερμοκρασία του σώματος

2. η οξύτητα (pH) του αίματος

3. η συγκέντρωση της γλυκόζης του αίματος

4. η συγκέντρωση των αλάτων του αίματος κ.ά.

υπάρχουν

Σε διάφορα σημεία
του σώματός μας

υποδοχείς οι οποίοι

1. ανιχνεύουν διάφορες μεταβολές

2. στέλνουν μηνύματα σε
κατάλληλα κέντρα ενημερώνοντάς τα
για τις μεταβολές αυτές.

Το κέντρο δίνει εντολές στα κατάλληλα όργανα
με αποτέλεσμα τη ρύθμιση των μεταβολών.

Συμμετοχή οργάνων & συστημάτων στην ομοιόσταση

ΣΥΣΤΗΜΑΤΑ

το αναπνευστικό σύστημα	συμβάλλει στη ρύθμιση	της ποσότητας O_2 & CO_2 στους ιστούς

το νευρικό σύστημα	συμβάλλει στη ρύθμιση	της θερμοκρασίας στους $37^{\circ}C$
το ενδοκρινικό σύστημα	συμβάλλει στη ρύθμιση	

ΟΡΓΑΝΑ

το ήπαρ	συμβάλλει στη ρύθμιση	της χημικής σύστασης του αίματος
οι νεφροί	συμβάλλουν στη ρύθμιση	

Μηχανισμοί ρύθμισης της θερμοκρασίας

 Όταν η θερμοκρασία | Όταν η θερμοκρασία

- διαστολή αγγείων δέρματος

κυκλοφορία
μεγάλης ποσότητας αίματος
κοντά στην επιφάνεια του σώματος
με αποτέλεσμα να αποβάλλεται
θερμότητα προς το περιβάλλον

- ενεργοποίηση ιδρωτοποιών αδένων

- συστολή αγγείων δέρματος

κυκλοφορία
μικρής ποσότητας αίματος
κοντά στην επιφάνεια του σώματος
με αποτέλεσμα να μην αποβάλλεται
θερμότητα προς το περιβάλλον

- συστολή σκελετικών μυών
τρέμουλο

- ανόρθωση τριχών
ανάμεσά τους παγιδεύεται στρώμα
αέρα που λειτουργεί ως
θερμομονωτικό

▶ **περιβαλλοντικοί παράγοντες**
- ακτινοβολίες
- ακραίες μεταβολές της θερμοκρασίας

▶ **παθογόνοι μικροοργανισμοι**
- ιοί
- βακτήρια
- μύκητες
- πρωτόζωα

▶ **ψυχολογικές διαταραχές**

▶ **κληρονομικές δυσλειτουργίες**

▶ **τρόπος ζωής**
- κάπνισμα
- κατάχρηση αλκοόλ
- ανθυγιεινή διατροφή

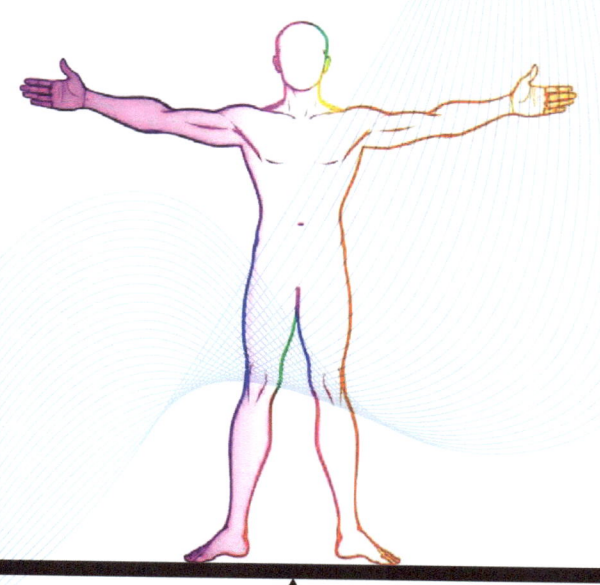

Ασθένεια - Νόσος

Νόσος:

διαταραχή της φυσιολογικής λειτουργίας του οργανισμού λόγω παθογόνων, γενετικών ανωμαλιών ή περιβαλλοντικών παραγόντων

Σύμπτωμα:

η σωματική ένδειξη ότι υπάρχει κάποια ασθένεια (π.χ.: πυρετός)

Διάγνωση:

η αναγνώριση μιας ασθένειας μετά από εξέταση των συμπτωμάτων και περαιτέρω ιατρικό έλεγχο

Θεραπεία:

οι ενέργειες που πραγματοποιούνται προκειμένου να αντιμετωπιστεί μια ασθένεια (π.χ.: φάρμακα, αλλαγή τρόπου ζωής)

Πρόληψη:

τα μέτρα τα οποία λαμβάνονται προκειμένου να αποφευχθεί η εκδήλωση μιας ασθένειας

Παθογόνοι μικροοργανισμοί
- Βασικές έννοιες

Παθογόνος μικροοργανισμός:
ένας μικροοργανισμός που εισέρχεται στον άνθρωπο και του προκαλεί ασθένεια

Περίοδος επώασης:
ο χρόνος μεταξύ της μόλυνσης και της εμφάνισης των πρώτων συμπτωμάτων της ασθένειας

Ξενιστής (=οικοδεσπότης, αυτός που προσφέρει φιλοξενία):
ο οργανισμός που προσβάλλεται από παθογόνο μικροοργανισμό

Μόλυνση:
η είσοδος του παθογόνου μικροοργανισμού σε έναν ξενιστή

Μολυσματική ασθένεια:
μια ασθένεια που μπορεί να μεταδοθεί από ένα άτομο σε ένα άλλο

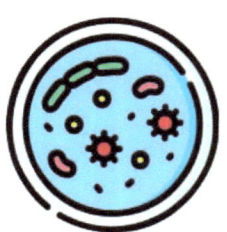

Επιδημία - Πανδημία

η ύπαρξη μεγάλου αριθμού κρουσμάτων
μιας ασθένειας
σε μια συγκεκριμένη χρονική περίοδο
η οποία έχει εξαπλωθεί σε μία περιοχή

π.χ.: επιδημία γρίπης

Επιδημία

η ύπαρξη μεγάλου αριθμού κρουσμάτων
μιας ασθένειας
σε μια συγκεκριμένη χρονική περίοδο
η οποία έχει εξαπλωθεί σε πολλές χώρες

π.χ.: COVID – 19

Πανδημία

Τρόποι μετάδοσης ασθενειών

 με σταγονίδια από βήχα ή φτάρνισμα

 με τη σκόνη, η οποία μπορεί να περιέχει κάποιους μικροοργανισμούς και να τους μεταφέρει πολύ μακριά

 με την επαφή με μολυσμένα αντικείμενα

 με τα κόπρανα, όταν τα μικρόβια που υπάρχουν σε αυτά περάσουν στο πόσιμο νερό ή στην τροφή

 με τα ζώα (π.χ.: μύγες, κουνούπια)

 με το αίμα (π.χ.: με μετάγγιση αίματος)

 με τη σεξουαλική επαφή με μολυσμένο άτομο

Τα βακτήρια

Χρήσιμα - Αβλαβή

▶ είναι τα περισσότερα βακτήρια

▶ υπάρχουν φυσιολογικά στο σώμα μας π.χ.: στο παχύ έντερο

▶ είναι απαραίτητα, αφού παράγουν τη βιταμίνη Κ, η οποία βοηθά στην πήξη του αίματος

Βλαβερά

όσα βακτήρια μας βλάπτουν, το κάνουν με δύο τρόπους:

1. άμεσα

προσβάλλοντας και καταστρέφοντας τους ιστούς μας

2. έμμεσα

με κάποιες βλαβερές ουσίες που παράγουν, τις τοξίνες

Οι ιοί

 πολλαπλασιάζονται και συνθέτουν τα συστατικά τους μόνο όταν παρασιτούν στα κύτταρα του οργανισμού-ξενιστη

 μέσα στο κύτταρο ένας ιός μπορεί:

να βρίσκεται
σε λανθάνουσα κατάσταση

κάποια στιγμή
να ενεργοποιηθεί
& να πολλαπλασιαστεί

ο οργανισμός που έχει
προσβληθεί από αυτόν,
δεν εκδηλώνει κανένα
σύμπτωμα

οι νέοι ιοί που θα προκύψουν
θα προσβάλουν κι άλλα κύτταρα,
προκαλώντας ίωση

Χαρακτηριστική ίωση είναι το κοινό κρυολόγημα.

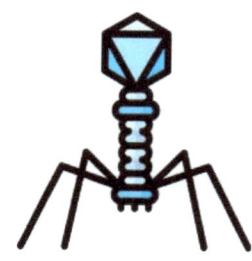

Οι μύκητες

είναι ευκαρυωτικοί οργανισμοί οι οποίοι

παρασιτούν
σε ζωντανούς οργανισμούς

ή ζουν ελεύθεροι
στο έδαφος, στο νερό, στον αέρα

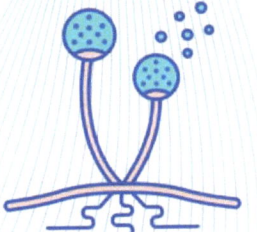

χρησιμοποιούνται στην παραγωγή

• τροφίμων
• ποτών
• αντιβιοτικών (πενικιλίνη)

Οι περισσότεροι μύκητες αποτελούνται από νηματοειδείς δομές, τις υφές.
Τα νοσήματα που προκαλούνται στον άνθρωπο από παθογόνους μύκητες ονομάζονται μυκητιάσεις.

Παραδείγματα:

Candida albicans

μυκητιάσεις δέρματος, βλεννογόνων & γεννητικών οργάνων

Δερματόφυτα

μυκητιάσεις του τριχωτού της κεφαλής, ονυχομυκητιάσεις

Τα πρωτόζωα

τα πρωτόζωα:

▶ είναι μονοκύτταροι ευκαρυωτικοί οργανισμοί
▶ δεν έχουν κυτταρικό τοίχωμα
▶ στο πρωτόπλασμά τους περιέχονται πολυάριθμα οργανίδια
▶ διαθέτουν ενδοπλασματικό δίκτυο
▶ περιέχουν κοκκία αποθήκευσης τροφών

Παράδειγμα	Μετάδοση	Νόσος
πλασμώδιο	κουνούπια	ελονοσία
τοξόπλασμα	κατοικίδια ζώα	βλάβες σε ζωτικά όργανα αποβολές σε εγκύους
ιστολυτική αμοιβάδα	μολυσμένο νερό μολυσμένα τρόφιμα	αμοιβαδική δυσεντερία
τριχομονάδες	κυρίως με σεξουαλική επαφή	♀ κολπίτιδα, τραχηλίτιδα ♂ ουρηθρίτιδα, προστατίτιδα

Οι αμυντικοί μηχανισμοί του ανθρώπινου οργανισμού

ΕΣΩΤΕΡΙΚΟΙ

εμποδίζουν την είσοδο των παθογόνων μικροβίων στον οργανισμό

↓

1. δέρμα
2. σάλιο
3. ιδρώτας
4. βλεννογόνοι
   • μύτης
   • στοματικής κοιλότητας
   • βλεφάρων
   • γεννητικών οργάνων
5. πεπτικός σωλήνας

ΕΞΩΤΕΡΙΚΟΙ

καταπολεμούν τους εισβολείς εφόσον έχουν κατορθώσει να εισέλθουν

ΓΕΝΙΚΟΙ

η δράση τους είναι κοινή για όλους τους μικροοργανισμούς

↓

1. φλεγμονή
2. πυρετός
3. ουσίες με αντιμικροβιακή δράση
4. φαγοκυττάρωση

ΕΙΔΙΚΟΙ

η δράση τους είναι εξειδικευμένη

↓

ανοσολογική απόκριση

▶ αντιγόνα
▶ αντισώματα

Εξωτερικοί αμυντικοί μηχανισμοί

▶ **το δέρμα** αποτελεί φραγμό στην είσοδο των μικροβίων

▶ **το σάλιο** περιέχει ένζυμα που καταστρέφουν αρκετά μικρόβια
(π.χ.: αυτά που υπάρχουν στην τροφή μας)

▶ **ο ιδρώτας** περιέχει ένζυμα που καταστρέφουν μικρόβια

▶ **ο βλεννογόνος**
- καλύπτει εσωτερικά κάποια όργανα
(μύτη, στοματική κοιλότητα, γεννητικά όργανα)
- παράγει βλέννα η οποία παγιδεύει τα μικρόβια τα οποία στη συνέχεια ωθούνται προς το εξωτερικό του οργανισμού (π.χ.: βήχας, φτάρνισμα)

▶ **ο πεπτικός σωλήνας** το πολύ όξινο περιβάλλον του στομάχου αποτελεί μηχανισμό προστασίας

Εξαιρέσεις:
- το βακτήριο που προκαλεί χολέρα
- το ελικοβακτηρίδιο που προκαλεί έλκος στομάχου

Φλεγμονή

Αμυντικός μηχανισμός που ενεργοποιείται ως αντίδραση μετά την επίδραση διάφορων βλαπτικών παραγόντων (π.χ.: μικρόβια), που προσπαθούν να καταστρέψουν κάποιον ιστό του οργανισμού.

Ο οργανισμός τότε, με τη διαδικασία της φλεγμονής, προσπαθεί:
1. να αποβάλλει τα παθογόνα
2. να αποκαταστήσει τον κατεστραμμένο ιστό

Τα συμπτώματα της φλεγμονής

▶ κοκκίνισμα

▶ πόνος

▶ τοπική άνοδος της θερμοκρασίας

▶ πρήξιμο στην περιοχή

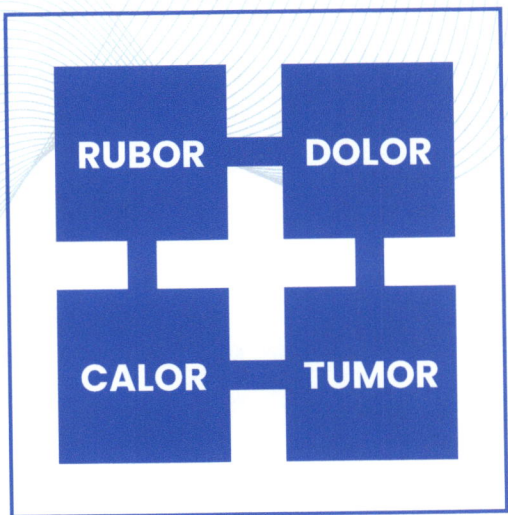

Ο οργανισμός, αυξάνοντας τη θερμοκρασία του, μπορεί:

- να καταστρέψει τα μικρόβια

- να παρεμποδίσει τον πολλαπλασιασμό τους

Συνεργάζονται μεταξύ τους με σκοπό:

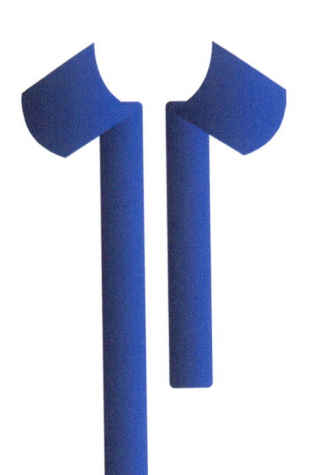

να καταστρέψουν τα μικρόβια

να παρεμποδίσουν τον πολλαπλασιασμό τους

π.χ.:
ιντερφερόνη
συμπλήρωμα
προπερδίνη

Φαγοκυττάρωση είναι διαδικασία κατά την οποία κάποια κύτταρα του ανοσοποιητικού συστήματος (όπως τα μακροφάγα και τα ουδετερόφιλα) περικλείουν & διασπούν ξένα σωματίδια, μικροοργανισμούς ή κυτταρικά υπολείμματα.

Η φαγοκυττάρωση:

1. Διατηρεί την υγεία των ιστών & αποτρέπει την εξάπλωση των λοιμώξεων.
2. Παίζει σημαντικό ρόλο στη φλεγμονή & την επούλωση ιστών.

Τα στάδια της φαγοκυττάρωσης:

1. Τα ψευδοπόδια περιβάλλουν το ξένο σωματίδιο.
2. Το ξένο σωματίδιο εισάγεται στο κύτταρο, σχηματίζοντας ένα φαγόσωμα.
3. Το φαγόσωμα συγχωνεύεται μ' ένα λυσόσωμα
4. Τα ένζυμα του λυσοσώματος διασπούν το σωματίδιο που έχει εγκλωβιστεί
5. Τα άχρηστα υλικά αποβάλλονται από το κύτταρο.

Αντιγόνα

είναι οι «ξένοι» παράγοντες που εισέρχονται στον οργανισμό μας
π.χ. μικρόβια

Ανοσολογική απόκριση

- ▶ πρόκειται για μια σειρά αντιδράσεων του οργανισμού
- ▶ πυροδοτείται μόλις αναγνωριστεί το αντιγόνο
- ▶ ενεργοποιούνται ειδικά λευκοκύτταρα τα οποία παράγουν αντισώματα

Αντισώματα

καλούνται οι πρωτεΐνες οι οποίες έχουν δομή τέτοια ώστε να ταιριάζουν με το αντιγόνο όπως το κλειδί με την κλειδαριά

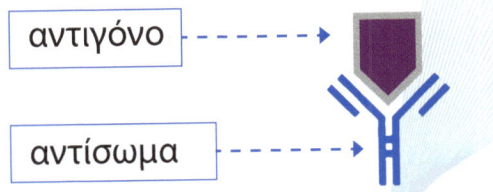

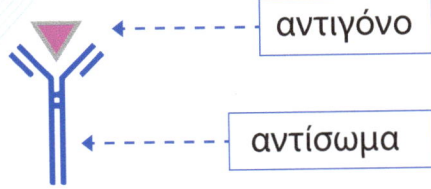

Τα αντισώματα, τελικά, εξουδετερώνουν το αντιγόνο.

▶ Δημιουργούνται παράλληλα με την αντιμετώπιση του εισβολέα.

▶ Τα κύτταρα αυτά «θυμούνται» τα αντιγόνα
και την επόμενη φορά που θα προσβληθούμε απ' το ίδιο αντιγόνο,
παράγονται τα κατάλληλα αντισώματα

✓ πολύ γρήγορα &
✓ σε μεγάλες ποσότητες.

▶ Έτσι:

1. το αντιγόνο εξουδετερώνεται ταχύτατα
2. δεν εμφανίζονται τα συμπτώματα της ασθένειας

▶ Τότε λέμε ότι έχουμε αποκτήσει

ανοσία

απέναντι στα συγκεκριμένα αντιγόνα.

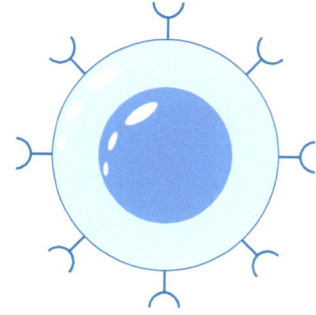

Τα εμβόλια

μνήμης δημιουργούνται όταν ο εισβολέας είναι:

- ▶ ζωντανός οργανισμός
- ▶ νεκρό παθογόνο
- ▶ τμήμα νεκρού παθογόνου

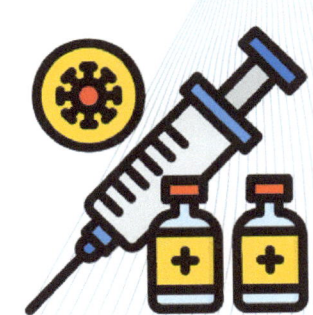

Έτσι, τα εμβόλια περιέχουν μικρή ποσότητα :

- ▶ νεκρών παθογόνων μικροοργανισμών ή
- ▶ τμημάτων των νεκρών παθογόνων

Κάνοντας λοιπόν ένα εμβόλιο

- ▶ ενεργοποιείται η διαδικασία της ανοσολογικής απόκρισης
- ▶ ο οργανισμός διαθέτει πλέον κύτταρα μνήμης για τον συγκεκριμένο μικροοργανισμό

 Χάρη στον εμβολιασμό έχουν εξαφανιστεί πολλές ασθένειες που στο παρελθόν μάστιζαν την ανθρωπότητα. Χαρακτηριστικό παράδειγμα αποτελεί η ευλογιά.

Υδατάνθρακες

▶ αποτελούν πηγή ενέργειας για τους οργανισμούς

▶ κάποιοι αποτελούν δομικά συστατικά των κυττάρων

▶ διακρίνονται σε

- μονοσακχαρίτες (γλυκόζη)
- πολυσακχαρίτες (γλυκογόνο, άμυλο, κυτταρίνη)

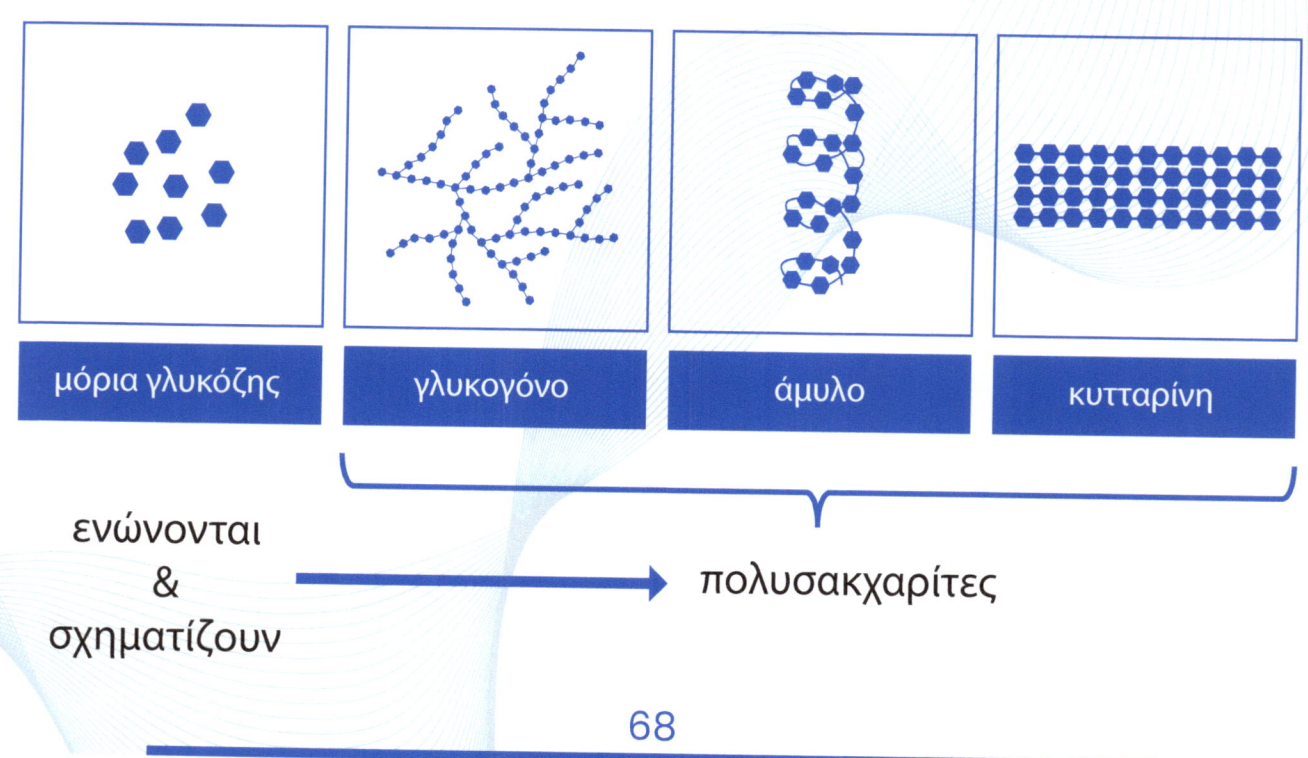

| μόρια γλυκόζης | γλυκογόνο | άμυλο | κυτταρίνη |

ενώνονται
&
σχηματίζουν → πολυσακχαρίτες

Πρωτεΐνες

▶ αποτελούν δομικά ή λειτουργικά συστατικά των κυττάρων

▶ δομούνται από απλούστερες ενώσεις, τα αμινοξέα:

● τα αμινοξέα συνδέονται μεταξύ τους με χημικούς δεσμούς (πεπτιδικούς δεσμούς) και δημιουργούν πρωτεΐνες
● μικρές αλυσίδες αμινοξέων καλούνται πεπτίδια
● > 170 διαφορετικά αμινοξέα: στη φύση
● μόνο 20: στη δημιουργία των πρωτεϊνών

▶ Μια μεγάλη ομάδα πρωτεϊνών είναι τα ένζυμα με τη βοήθεια των οποίων γίνονται ταχύτατα πολλές χημικές αντιδράσεις στους οργανισμούς

αμινοξέα

πεπτίδια

πολυπεπτίδια
(πρωτεΐνες)

Λιπίδια

▶ αποτελούν δομικά συστατικά των κυττάρων

▶ είναι αποθήκες ενέργειας των οργανισμών

(κατά τη διάσπασή τους απελευθερώνεται μεγάλο ποσό ενέργειας, διπλάσιο από αυτό που απελευθερώνεται από τους υδατάνθρακες)

③ μόρια   +   ① μόριο   =   1 μόριο
λιπαρών οξέων.   γλυκερόλης   λίπους

Νουκλεϊκά οξέα

Τα νουκλεϊκά οξέα είναι δύο

1. το δεοξυριβονουκλεϊκό οξύ (DNA) &
2. το ριβονουκλεϊκό οξύ (RNA)

Τα μόρια αυτά:

▶ σχετίζονται με τον καθορισμό των κληρονομικών γνωρισμάτων
▶ ελέγχουν τις λειτουργίες των οργανισμών
▶ δομούνται από απλούστερες ενώσεις ▼

τα νουκλεοτίδια

ενώνονται μεταξύ τους
και σχηματίζουν
▼

πολυνουκλεοτιδικές αλυσίδες

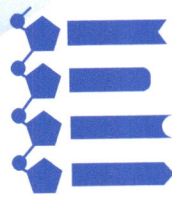

Οργανικές ενώσεις – συνοπτική παρουσίαση
άνθρακας (+) οξυγόνο (+) υδρογόνο (+) άζωτο

Υδατάνθρακες

▸ πηγές ενέργειας
▸ δομικά συστατικά κυττάρων

μονοσακχαρίτες
πολυσακχαρίτες

● γλυκόζη
● γλυκογόνο
● άμυλο
● κυτταρίνη

Πρωτεΐνες π.χ.: ένζυμα

▸ δομικά συστατικά κυττάρων
▸ λειτουργικά συστατικά κυττάρων

αμινοξέα
⟶ πεπτίδια
⟶ πρωτεΐνες (πολυπεπτίδια)

Λιπίδια

▸ αποθήκες ενέργειας
▸ δομικά συστατικά κυττάρων

3 λιπαρά οξέα (+) 1 γλυκερόλη

1 μόριο λίπους

Νουκλεϊκά οξέα

▸ κληρονομικά γνωρίσματα
▸ οργανικές λειτουργίες

πολυνουκλεοτιδικές αλυσίδες

Το γενετικό υλικό

Όλοι οι οργανισμοί

▶ ευκαρυωτικοί & προκαρυωτικοί
▶ μονοκύτταροι & πολυκύτταροι
▶ ζωικοί & φυτικοί

}

έχουν συγκεκριμένη δομή
&
επιτελούν συγκεκριμένες λειτουργίες

Υπεύθυνες για τις ιδιότητες αυτές είναι οι πρωτεΐνες

Πρωτεΐνες
- είναι οργανικές ενώσεις του κυττάρου
- είναι υπεύθυνες για τις ιδιότητες των οργανισμών
- περιέχουν αμινοξέα

Αμινοξέα
- η σειρά των αμινοξέων
- καθορίζει τη δράση των πρωτεϊνών
- καθορίζεται απ' το γενετικό υλικό, το DNA

Γενετικό υλικό (DNA)
- καθορίζει τη σειρά των αμινοξέων
- περιέχει πληροφορίες για τη δομή & τη λειτουργία του κυττάρου μέσα στο οποίο περιέχεται
- οι πληροφορίες περιέχονται σε τμήματα των αμινοξέων, τα γονίδια

Το γενετικό υλικό περιέχει γονίδια.

Τα γονίδια καθορίζουν τη σειρά των αμινοξέων.

Η σειρά των αμινοξέων καθορίζει τη δράση των πρωτεϊνών.

Οι πρωτεΐνες είναι υπεύθυνες για τις ιδιότητες των οργανισμών.

 Στην έκφραση των ιδιοτήτων ενός οργανισμού σημαντικό ρόλο, εκτός από τα γονίδια, παίζει και το φυσικό του περιβάλλον.

Το χρωμόσωμα

⑦ Τι είναι το χρωμόσωμα;
— η δομή η οποία σχηματίζεται από το γενετικό υλικό, το DNA

⑦ Πού εντοπίζεται;
— εντοπίζεται κυρίως στον πυρήνα ευκαρυωτικών κυττάρων

⑦ Γιατί συσπειρώνεται το DNA;
— συσπειρώνεται για να χωρέσει στον πυρήνα

⑦ Πώς συσπειρώνεται;
— συσπειρώνεται με τη βοήθεια πρωτεϊνών

⑦ Ποιος είναι ο αριθμός των χρωμοσωμάτων στον άνθρωπο;
— στον άνθρωπο, κάθε κύτταρο έχει 46 χρωμοσώματα

τα οποία

ανά δύο είναι όμοια

Ομόλογα χρωμοσώματα

Κάθε ζευγάρι χρωμοσωμάτων που έχουν

ίδιο σχήμα & ίδιο μέγεθος

ονομάζονται ομόλογα

Τα ομόλογα χρωμοσώματα περιέχουν

(σε αντίστοιχες θέσεις)

▼

γενετικές πληροφορίες

▼

που αφορούν τις ίδιες ιδιότητες

(π.χ.: χρώμα ματιών).

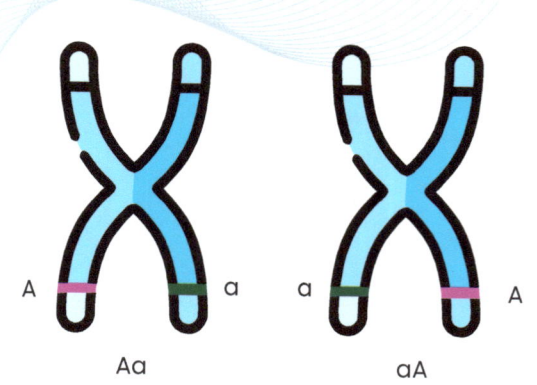

Η προέλευση των ομόλογων χρωμοσωμάτων

Σε κάθε ζεύγος ομόλογων χρωμοσωμάτων

▶ το ένα χρωμόσωμα είναι μητρικής προέλευσης &
▶ το άλλο χρωμόσωμα είναι πατρικής προέλευσης

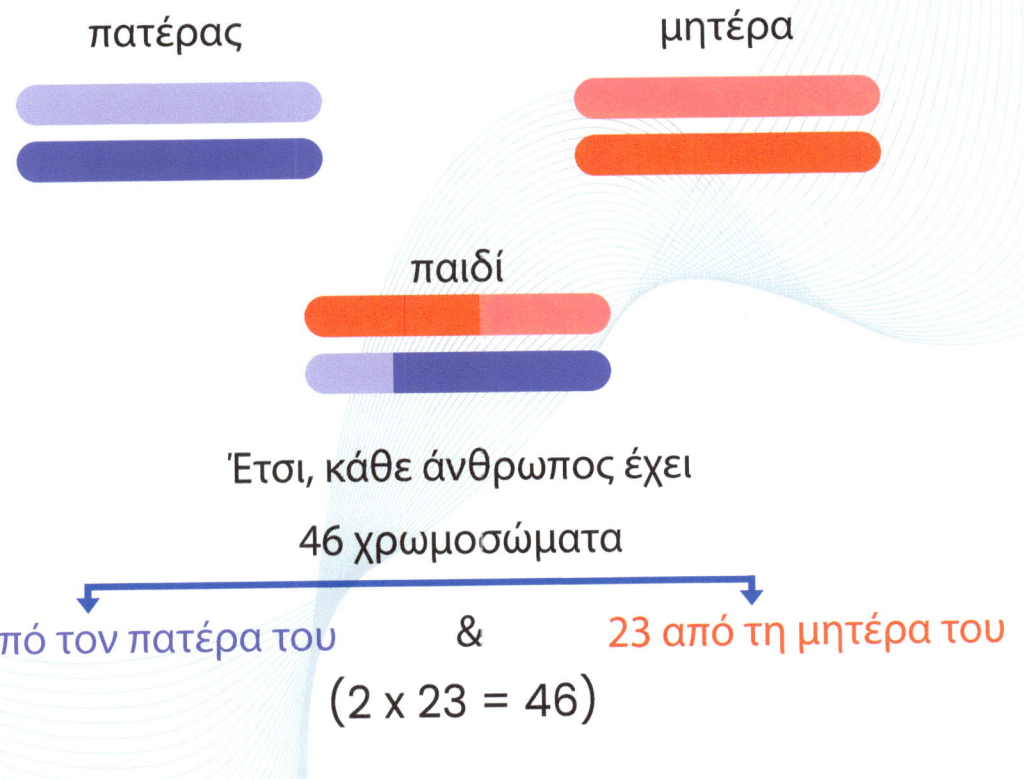

πατέρας   μητέρα

παιδί

Έτσι, κάθε άνθρωπος έχει

46 χρωμοσώματα

23 από τον πατέρα του & 23 από τη μητέρα του

(2 x 23 = 46)

Διπλοειδείς & απλοειδείς οργανισμοί

 **Διπλοειδείς (2n)** χαρακτηρίζονται οι οργανισμοί των οποίων τα κύτταρα περιέχουν ομόλογα χρωμοσώματα.

▶ έχουν προκύψει από αμφιγονική αναπαραγωγή
▶ στον ανθρώπινο οργανισμό όλα τα σωματικά κύτταρα είναι διπλοειδή

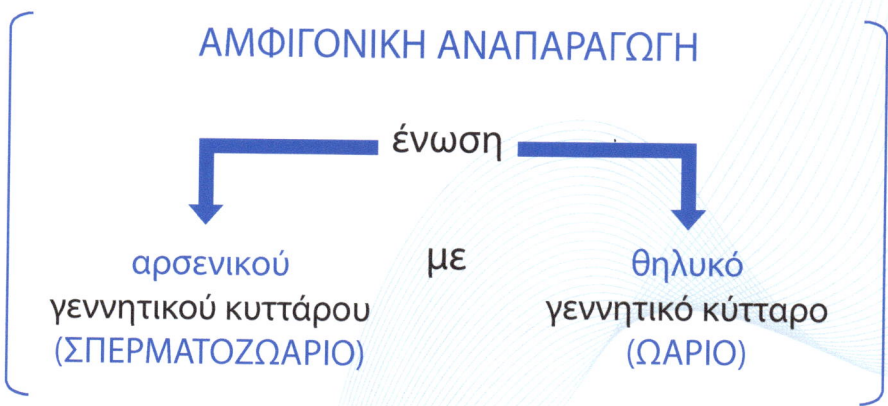

ΑΜΦΙΓΟΝΙΚΗ ΑΝΑΠΑΡΑΓΩΓΗ

ένωση

αρσενικού γεννητικού κυττάρου (ΣΠΕΡΜΑΤΟΖΩΑΡΙΟ)

με

θηλυκό γεννητικό κύτταρο (ΩΑΡΙΟ)

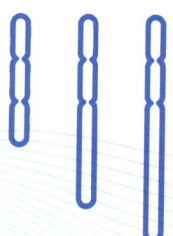 **Απλοειδείς (1n)** είναι οι οργανισμοί των οποίων τα χρωμοσώματα δεν είναι ανά δύο όμοια & δεν γίνεται να τοποθετηθούν σε ζεύγη.

▶ τα περισσότερα βακτήρια είναι απλοειδείς οργανισμοί
▶ στον ανθρώπινο οργανισμό τα ωάρια & τα σπερματοζωάρια είναι απλοειδή

Καρυότυπος

Για να μελετήσουμε τα χρωμοσώματα, κατασκευάζουμε τον καρυότυπο.

Ο καρυότυπος είναι
→ η απεικόνιση των χρωμοσωμάτων ενός κυττάρου
  → ταξινομημένων σε ζεύγη,
    → κατά ελαττούμενο μέγεθος.

Κατασκευή καρυότυπου:

- φωτογραφίζουμε τα χρωμοσώματα
- τα τοποθετούμε σε ζεύγη
- τα ταξινομούμε από τα μεγαλύτερα σε μέγεθος προς τα μικρότερα

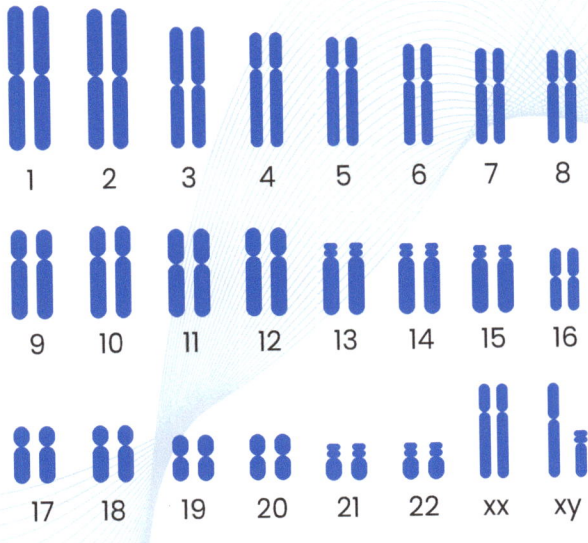

καρυότυπος αρσενικού ατόμου

Φυλετικά χρωμοσώματα
Αυτοσωμικά χρωμοσώματα

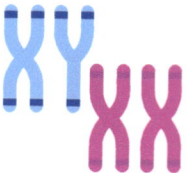 Στον άνθρωπο αλλά και σε άλλους οργανισμούς το φύλο καθορίζεται από ένα ζεύγος χρωμοσωμάτων τα οποία ονομάζονται φυλετικά.

Τα υπόλοιπα χρωμοσώματα δεν σχετίζονται με το φύλο και ονομάζονται αυτοσωμικά (ή αυτοσώματα).

Στα κύτταρα ενός άνδρα υπάρχουν
▶ 22 ζεύγη αυτοσωμάτων
&
▶ τα φυλετικά χρωμοσώματα X & Y
Η παρουσία του χρωμοσώματος Y είναι αυτή που χαρακτηρίζει το αρσενικό άτομο (XY)

Στα κύτταρα μιας γυναίκας υπάρχουν
▶ 22 ζεύγη αυτοσωμάτων
&
▶ το φυλετικό χρωμόσωμα X δύο φορές
Η απουσία του χρωμοσώματος Y είναι αυτή που καθορίζει το θηλυκό άτομο (XX).

Νουκλεοτίδια

Τα νουκλεϊκά οξέα δομούνται από
απλούστερες επαναλαμβανόμενες μονάδες, τα νουκλεοτίδια

Τα νουκλεοτίδια που δομούν το DNA ονομάζονται	Τα νουκλεοτίδια που δομούν το RNA ονομάζονται

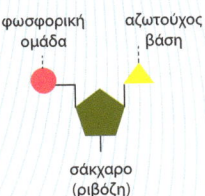

δεοξυριβονουκλεοτίδια

φωσφορική ομάδα — αζωτούχος βάση — σάκχαρο (δεοξυριβόζη)

ριβονουκλεοτίδια

φωσφορική ομάδα — αζωτούχος βάση — σάκχαρο (ριβόζη)

αποτελούνται από:
- ένα σάκχαρο (δεοξυριβόζη)
- ένα φωσφορικό οξύ
- μια αζωτούχο βάση

αποτελούνται από:
- ένα σάκχαρο (ριβόζη)
- ένα φωσφορικό οξύ
- μια αζωτούχο βάση

οι βάσεις του DNA είναι οι:

αδενίνη

θυμίνη

κυτοσίνη

γουανίνη

οι βάσεις του RNA είναι οι:

αδενίνη

ουρακίλη

κυτοσίνη

γουανίνη

Πολυνουκλεοτίδια

DNA

αν ενωθούν	......	σχηματίζεται ένα
↓		↓
2 νουκλεοτίδια		δινουκλεοτίδιο
3 νουκλεοτίδια		τρινουκλεοτίδιο
πολλά νουκλεοτίδια		νουκλεϊκό οξύ [αλυσίδα νουκλεοτιδίων]

*Τα νουκλεοτίδια ενώνονται με ισχυρούς χημικούς δεσμούς.

το DNA αποτελείται από δύο τέτοιες αλυσίδες

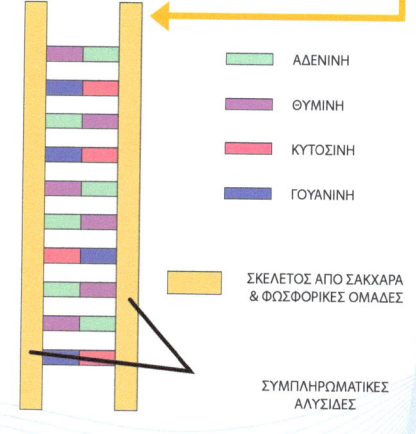

ΑΔΕΝΙΝΗ
ΘΥΜΙΝΗ
ΚΥΤΟΣΙΝΗ
ΓΟΥΑΝΙΝΗ

ΣΚΕΛΕΤΟΣ ΑΠΟ ΣΑΚΧΑΡΑ & ΦΩΣΦΟΡΙΚΕΣ ΟΜΑΔΕΣ

ΣΥΜΠΛΗΡΩΜΑΤΙΚΕΣ ΑΛΥΣΙΔΕΣ

RNA

αν ενωθούν	......	σχηματίζεται ένα
↓		↓
2 νουκλεοτίδια		δινουκλεοτίδιο
3 νουκλεοτίδια		τρινουκλεοτίδιο
πολλά νουκλεοτίδια		νουκλεϊκό οξύ [αλυσίδα νουκλεοτιδίων]

*Τα νουκλεοτίδια ενώνονται με ισχυρούς χημικούς δεσμούς.

το RNA αποτελείται από μία τέτοια αλυσίδα

ΟΥΡΑΚΙΛΗ
ΓΟΥΑΝΙΝΗ
ΑΔΕΝΙΝΗ
ΚΥΤΟΣΙΝΗ

ΣΚΕΛΕΤΟΣ ΑΠΟ ΣΑΚΧΑΡΑ & ΦΩΣΦΟΡΙΚΕΣ ΟΜΑΔΕΣ

Η συμπληρωματικότητα των βάσεων του DNA

Οι αζωτούχες βάσεις στη διπλή αλυσίδα του DNA είναι συμπληρωματικές.

στη μία αλυσίδα όπου υπάρχει | στην άλλη αλυσίδα ενώνεται με

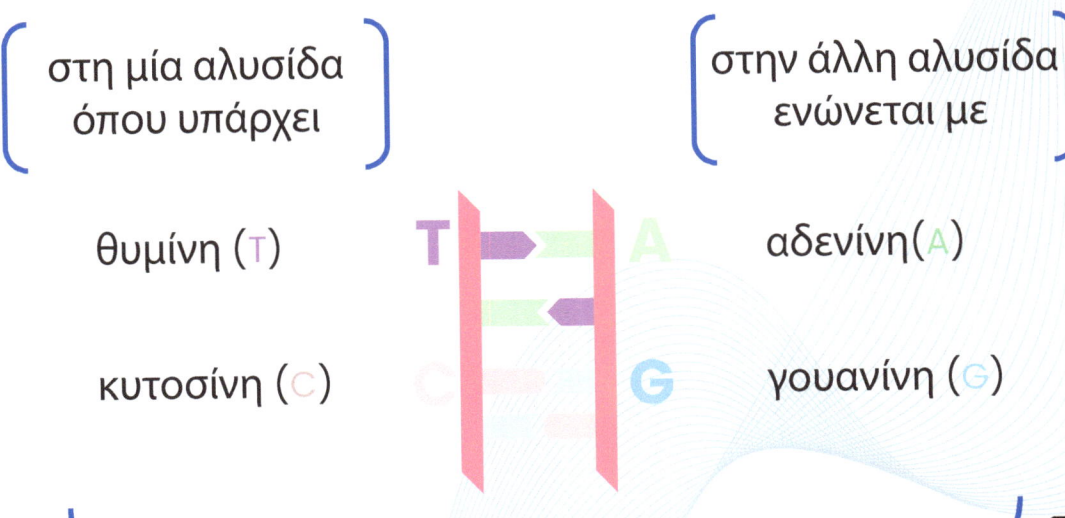

θυμίνη (T)   αδενίνη(A)

κυτοσίνη (C)   γουανίνη (G)

Έτσι
προκύπτει ένα δίκλωνο μόριο,

το οποίο περιελίσσεται στον χώρο,

σχηματίζοντας μία διπλή έλικα, το DNA.

RNA

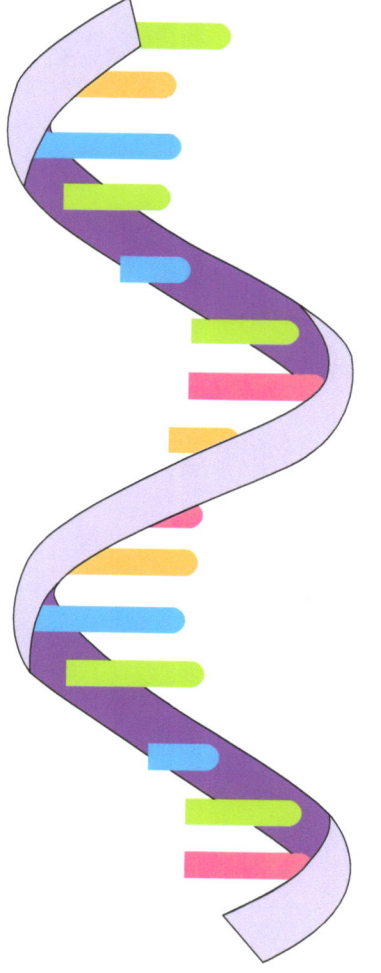

Το RNA είναι μονόκλωνο,
δεν σχηματίζει διπλή έλικα

Υπάρχουν διαφορετικά είδη RNA:

▶ το αγγελιαφόρο ή mRNA
▶ το μεταφορικό ή tRNA
▶ το ριβοσωμικό ή rRNA

mRNA αγγελιοφόρο RNA	rRNA ριβοσωμικό RNA	tRNA μεταφορικό RNA
mRNA	ΡΙΒΟΣΩΜΑ / rRNA	ΑΜΙΝΟΞΥ / tRNA
μεταφέρει τη γενετική πληροφορία απ' τον πυρήνα στα ριβοσώματα, όπου γίνεται η πρωτεϊνοσύνθεση	μεταφέρει τα αμινοξέα στα ριβοσώματα για να συντεθεί η πρωτεΐνη	αποτελεί συστατικό των ριβοσωμάτων

Η αντιγραφή του DNA

Κατά την αντιγραφή του DNA

⊥

το DNA αυτοδιπλασιάζεται μέσα σε ένα κύτταρο

⊥

πριν την κυτταρική διαίρεση.

⊥

Μετά τη διαίρεση του κυττάρου

⊥

κάθε νέο κύτταρο περιέχει ένα αντίγραφο του DNA του αρχικού κυττάρου.

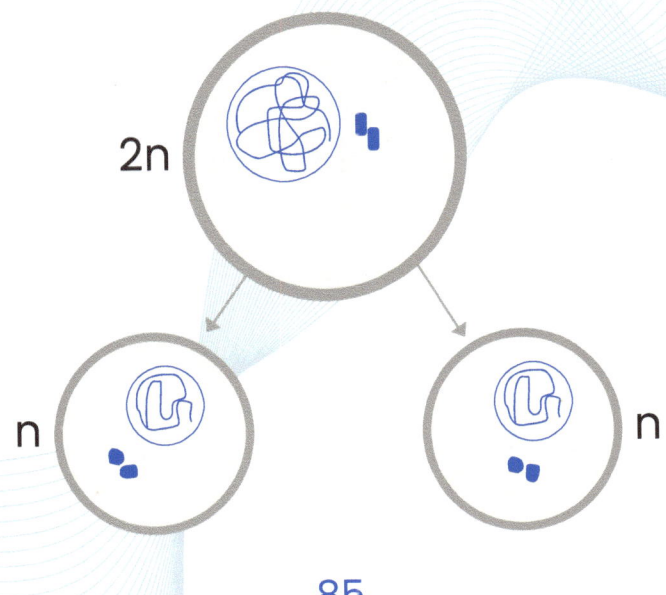

Τα στάδια της αντιγραφής του DNA

1. σπάνε οι δεσμοί που ενώνουν τις συμπληρωματικές αζωτούχες βάσεις

2. η διπλή έλικα ανοίγει σε συγκεκριμένες θέσεις

3. οι βάσεις της κάθε αλυσίδας μένουν αζευγάρωτες

4. ελεύθερα δεοξυριβονουκλεοτίδια ενώνονται με τις αζευγάρωτες βάσεις

5. σχηματίζονται δύο δίκλωνα μόρια που αποτελούνται από μία παλιά & μία νέα αλυσίδα

μεταξύ τους
&
με το αρχικό μόριο

▸ οι δύο αλυσίδες είναι ίδιες

▸ ίδια αλληλουχία νουκλεοτιδίων
▸ ίδιες γενετικές πληροφορίες

Το κεντρικό δόγμα της Βιολογίας

περιγράφει τη ροή της γενετικής πληροφορίας

από το DNA στο RNA (μεταγραφή)

από το RNA στην πρωτεΐνη (μετάφραση)

DNA ΜΕΤΑΓΡΑΦΗ RNA ΜΕΤΑΦΡΑΣΗ ΠΡΩΤΕΪΝΗ

Μεταγραφή – Μετάφραση

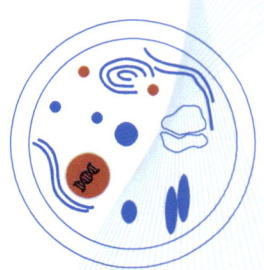

το κύτταρο θέλει να συνθέσει μια πρωτεΐνη

⬇

οι πρωτεΐνες συντίθενται στα ριβοσώματα

⬇

τα ριβοσώματα για να συνθέσουν την πρωτεΐνη, χρειάζονται οδηγίες

⬇

οι οδηγίες αυτές βρίσκονται στο DNA
το DNA βρίσκεται στον πυρήνα και δεν μπορεί να φύγει από εκεί

? πώς θα φύγει η οδηγία απ' τον πυρήνα για να πάει στο ριβόσωμα;
– με τη διαδικασία της μεταγραφής:

▶ η πληροφορία που βρίσκεται
   στο DNA μεταγράφεται σε mRNA

▶ έπειτα φεύγει από τον πυρήνα

▶ στη συνέχεια πηγαίνει στο ριβόσωμα

▶ το ριβόσωμα μεταφράζει την πληροφορία
   & φτιάχνει την πρωτεΐνη

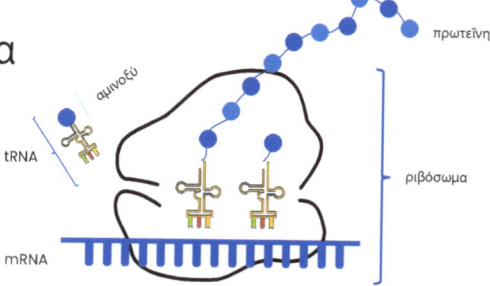

Μεταγραφή

Μεταγραφή:
η δημιουργία mRNA χρησιμοποιώντας ως πρότυπο μια αλυσίδα DNA με σκοπό τη μεταβίβαση της απαραίτητης οδηγίας στα ριβοσώματα, προκειμένου να συντεθεί μια πρωτεΐνη.

1. το τμήμα του DNA που φέρει την πληροφορία για τη σύνθεση της συγκεκριμένης πρωτεΐνης ξετυλίγεται

2. η μία αλυσίδα απομακρύνεται από την άλλη

3. απέναντι από τις ελεύθερες αζωτούχες βάσεις της μιας αλυσίδας τοποθετούνται ελεύθερα ριβονουκλεοτίδια που έχουν τις συμπληρωματικές αζωτούχες βάσεις

4. τα ριβονουκλεοτίδια ενώνονται μεταξύ τους, σχηματίζοντας ένα μόριο mRNA στο οποίο έχει πλέον καταγραφεί η γενετική πληροφορία

5. το mRNA φεύγει και πάει στα ριβοσώματα

6. οι δύο αλυσίδες του DNA ενώνονται και πάλι

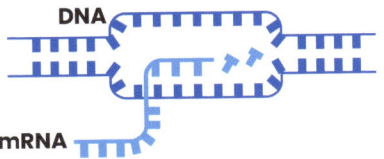

Μετάφραση (πρωτεϊνοσύνθεση)

Μετάφραση: έκφραση της γενετικής πληροφορίας με συνέπεια τη δημιουργία πρωτεΐνης

1. το mRNA φεύγει από τον πυρήνα και πάει στο ριβόσωμα

2. το ένα άκρο του mRNA συνδέεται με μια περιοχή του rRNA του ριβοσώματος
   (χάρη στη συμπληρωματικότητα των αζωτούχων βάσεων)

3. κατάλληλα μόρια tRNA μεταφέρουν διαδοχικά στο ριβόσωμα συγκεκριμένα αμινοξέα
   (τα μόρια του tRNA εμφανίζουν επίσης συμπληρωματικότητα με το mRNA)

4. κάθε αμινοξύ συνδέεται με χημικό δεσμό με το επόμενο και έτσι σχηματίζεται η συγκεκριμένη πρωτεΐνη

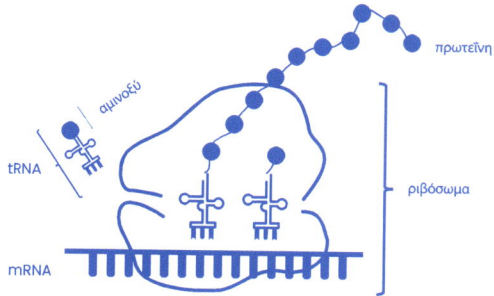

Αλληλόμορφα γονίδια

1. απαντώνται στους διπλοειδείς οργανισμούς
2. βρίσκονται σε αντίστοιχες θέσεις των ομόλογων χρωμοσωμάτων
3. καθορίζουν το ίδιο χαρακτηριστικό (π.χ.: το χρώμα των ματιών)
4. προέρχονται: ένα από τη μητέρα & ένα από τον πατέρα

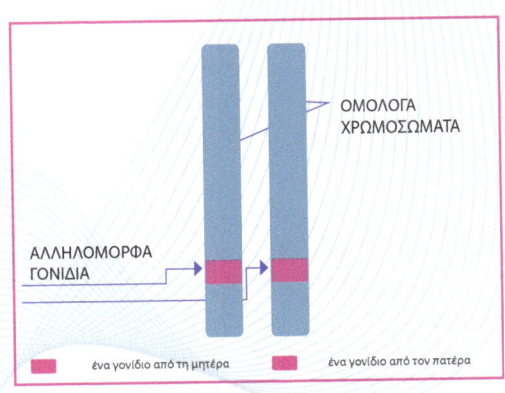

Επικρατές: το αλληλόμορφο του οποίου η δράση εκδηλώνεται στην ετερόζυγη κατάσταση συμβολίζεται με κεφαλαίο γράμμα (π.χ.: Α)

Υπολειπόμενο: το αλληλόμορφο του οποίου η δράση δεν εκδηλώνεται στην ετερόζυγη κατάσταση συμβολίζεται με το αντίστοιχο πεζό γράμμα (π.χ.: α)

! Τα υπολειπόμενα αλληλόμορφα μπορούν να εκδηλωθούν μόνο σε ομόζυγη κατάσταση

Υπολειπόμενα & επικρατή γονίδια - παράδειγμα

για ένα συγκεκριμένο χαρακτηριστικό, ένα άτομο μπορεί να φέρει:

ίδια αλληλόμορφα

το άτομο που τα φέρει
1. είναι ομόζυγο
για αυτό το χαρακτηριστικό
2. εκδηλώνει το χαρακτηριστικό αυτό

αν το ομόζυγο άτομο φέρει αλληλόμορφα

για καφέ
χρώμα ματιών

τα μάτια θα είναι

 καφέ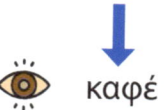

για μπλε
χρώμα ματιών

τα μάτια θα είναι

 μπλε

διαφορετικά αλληλόμορφα

το άτομο που τα φέρει
1. είναι ετερόζυγο
για αυτό το χαρακτηριστικό
2. εκδηλώνει το χαρακτηριστικό που
καθορίζεται από το επικρατές γονίδιο

το ετερόζυγο άτομο φέρει

ένα αλληλόμορφο για   ένα αλληλόμορφο για
καφέ μάτια   μπλε μάτια

τα μάτια θα είναι

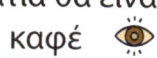 καφέ

γιατί το γονίδιο για τα καφέ μάτια
είναι πιο δυνατό
δηλαδή επικρατεί

Κυτταρικός πολλαπλασιασμός

Τα κύτταρα πολλαπλασιάζονται μέσω δύο κυτταρικών διαιρέσεων οι οποίες καλούνται:

ΜΙΤΩΣΗ

διαίρεση σωματικού κυττάρου

? Γιατί διαιρείται το σωματικό κύτταρο;

για να προκύψουν πολλά κύτταρα τα οποία θα χρησιμοποιηθούν για:

▶ την ανάπτυξη του οργανισμού στον οποίο ανήκουν
▶ την επούλωση μιας πληγής
▶ την ανανέωση ιστών (π.χ.: δέρμα)

ΜΕΙΩΣΗ

διαίρεση άωρου γεννητικού κυττάρου

? Γιατί διαιρείται το γεννητικό κύτταρο;

για να προκύψουν οι γαμέτες: το ωάριο & το σπερματοζωάριο

τα οποία κατά τη γονιμοποίηση

▶ ενώνονται & σχηματίζουν το ζυγωτό (ΑΜΦΙΓΟΝΙΑ)

Τα κύτταρα που προκύπτουν

είναι διπλοειδή

περιέχουν τον ίδιο αριθμό χρωμοσωμάτων με το αρχικό κύτταρο

είναι απλοειδή

περιέχουν τον μισό αριθμό χρωμοσωμάτων σε σχέση με το αρχικό κύτταρο

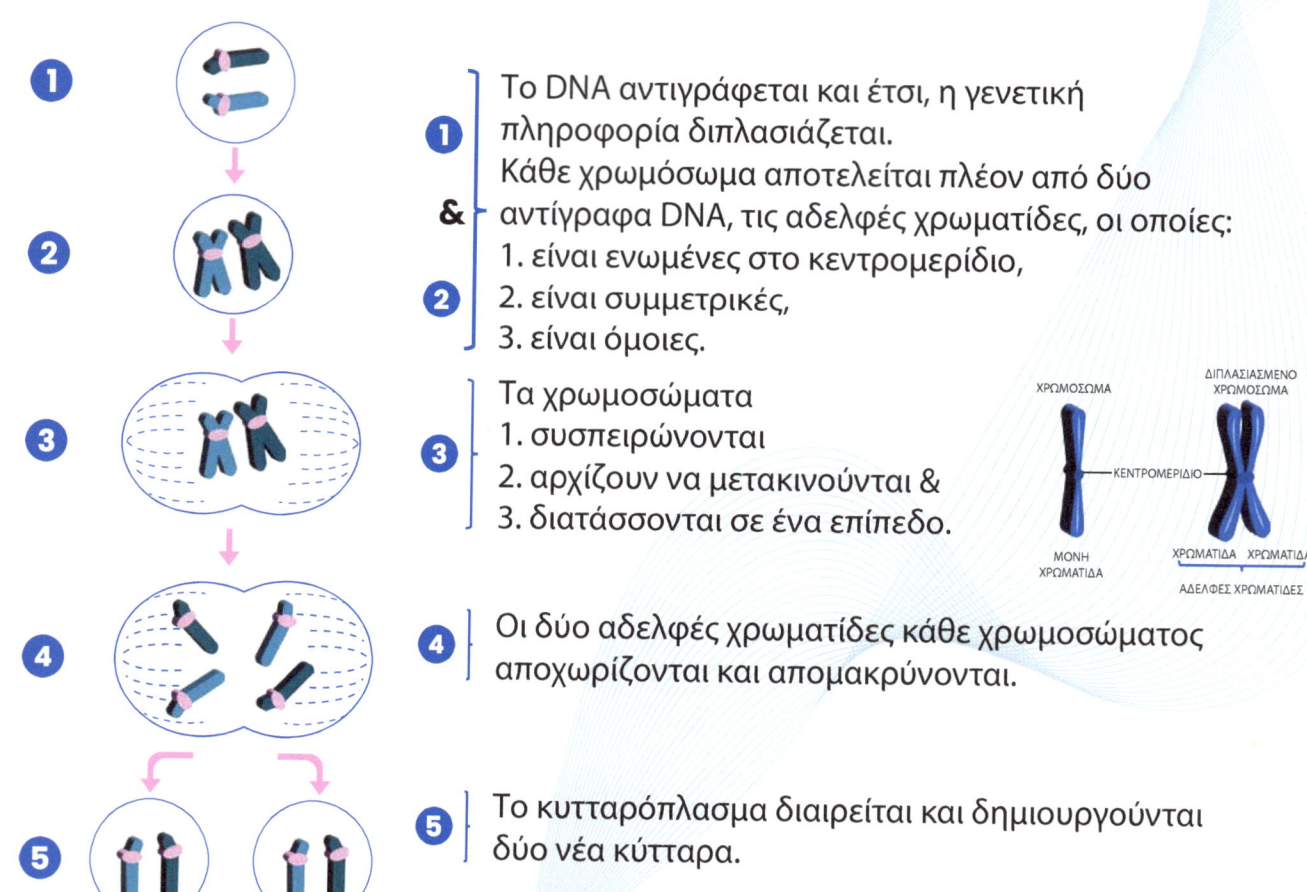

1 & Το DNA αντιγράφεται και έτσι, η γενετική πληροφορία διπλασιάζεται.
Κάθε χρωμόσωμα αποτελείται πλέον από δύο αντίγραφα DNA, τις αδελφές χρωματίδες, οι οποίες:
1. είναι ενωμένες στο κεντρομερίδιο,

2 2. είναι συμμετρικές,
3. είναι όμοιες.

3 Τα χρωμοσώματα
1. συσπειρώνονται
2. αρχίζουν να μετακινούνται &
3. διατάσσονται σε ένα επίπεδο.

4 Οι δύο αδελφές χρωματίδες κάθε χρωμοσώματος αποχωρίζονται και απομακρύνονται.

5 Το κυτταρόπλασμα διαιρείται και δημιουργούνται δύο νέα κύτταρα.

ΧΡΩΜΟΣΩΜΑ · ΔΙΠΛΑΣΙΑΣΜΕΝΟ ΧΡΩΜΟΣΩΜΑ · ΚΕΝΤΡΟΜΕΡΙΔΙΟ · ΜΟΝΗ ΧΡΩΜΑΤΙΔΑ · ΧΡΩΜΑΤΙΔΑ ΧΡΩΜΑΤΙΔΑ · ΑΔΕΛΦΕΣ ΧΡΩΜΑΤΙΔΕΣ

Αμφιγονία

Κατά την αμφιγονία (ζευγάρωμα)

1.γίνεται σύντηξη των γαμετών (γονιμοποίηση)

2. προκύπτει το ζυγωτό

Η μείωση
είναι η διαδικασία
με την οποία εξασφαλίζεται
ο απλοειδής αριθμός χρωμοσωμάτων
των γαμετών

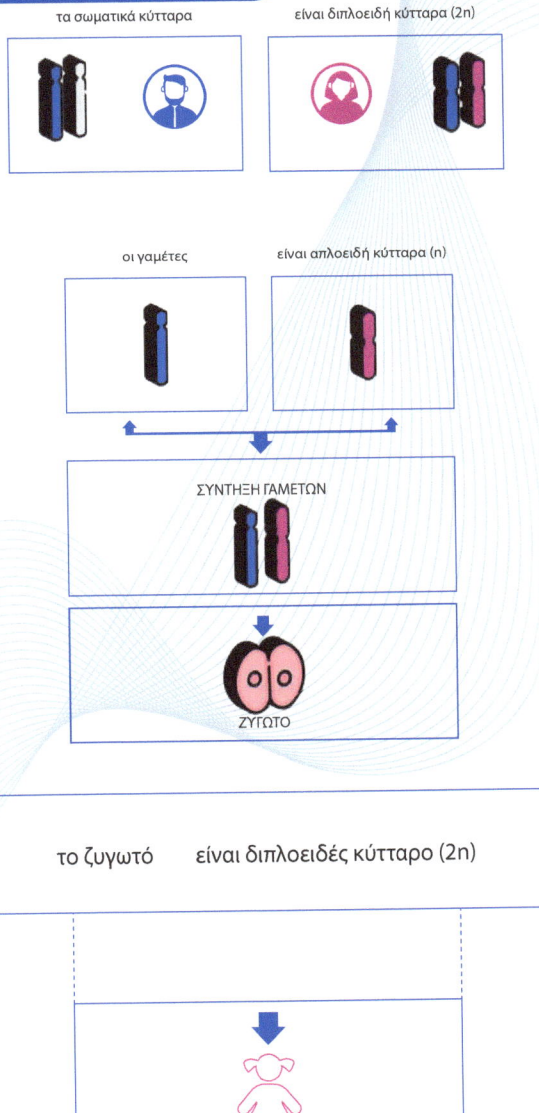

Μείωση

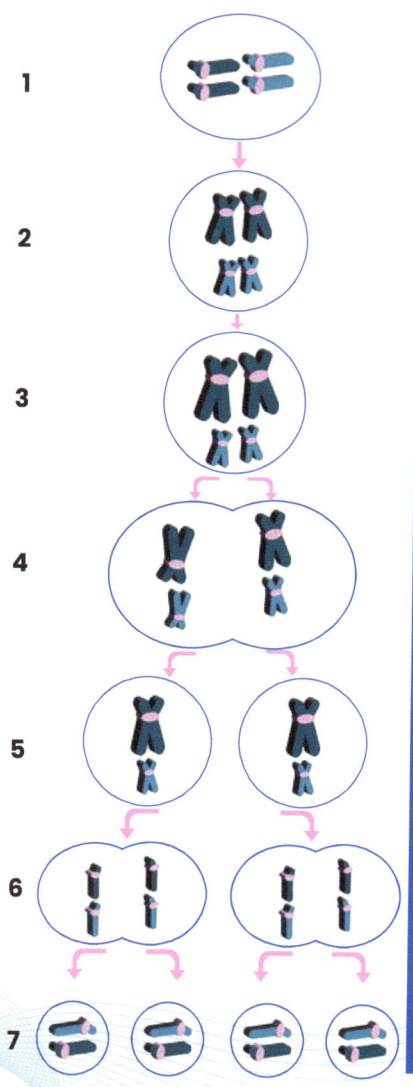

1 & 2 γίνεται αντιγραφή του DNA · κάθε χρωμόσωμα έχει δύο αδελφές χρωματίδες, ενωμένες στο κεντρομερίδιο

3 οι αδελφές χρωματίδες συσπειρώνονται και τα ομόλογα χρωμοσώματα διατάσσονται σε ζεύγη

4 αποχωρίζονται τα ομόλογα χρωμοσώματα κάθε ζεύγους

5 1η μειωτική διαίρεση: σχηματίζονται δύο νέα κύτταρα με τον μισό αριθμό χρωμοσωμάτων

6 2η μειωτική διαίρεση: στο καθένα από τα δύο κύτταρα οι αδελφές χρωματίδες κάθε χρωμοσώματος αποχωρίζονται και προκύπτουν δύο νέα κύτταρα, καθένα με μία αδελφή χρωματίδα από κάθε ζεύγος χρωμοσωμάτων

7 στο τέλος προκύπτουν τέσσερα απλοειδή γεννητικά κύτταρα

Η προέλευση των αλληλόμορφων γονιδίων

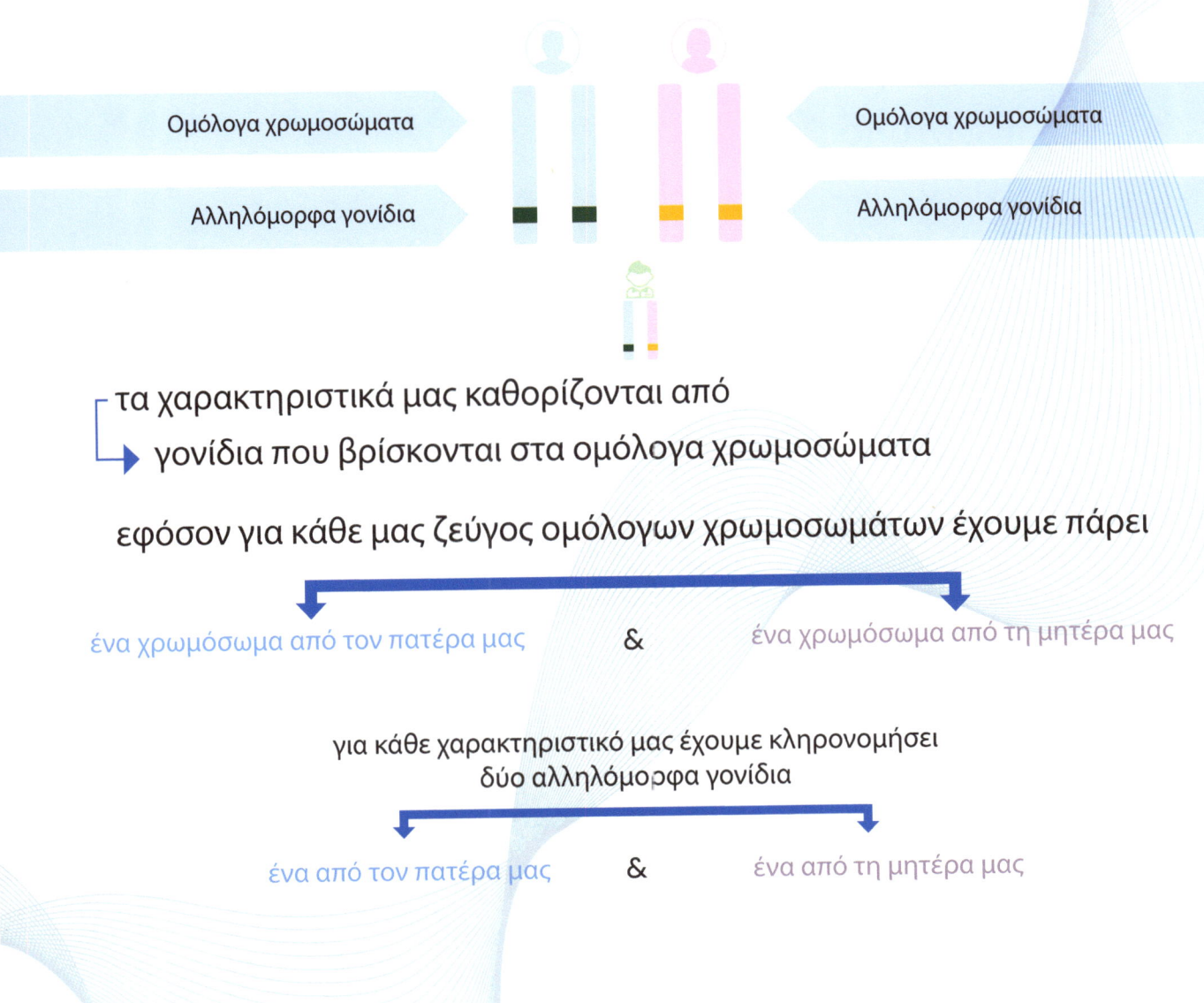

Ομόλογα χρωμοσώματα

Αλληλόμορφα γονίδια

Ομόλογα χρωμοσώματα

Αλληλόμορφα γονίδια

τα χαρακτηριστικά μας καθορίζονται από

γονίδια που βρίσκονται στα ομόλογα χρωμοσώματα

εφόσον για κάθε μας ζεύγος ομόλογων χρωμοσωμάτων έχουμε πάρει

ένα χρωμόσωμα από τον πατέρα μας   **&**   ένα χρωμόσωμα από τη μητέρα μας

για κάθε χαρακτηριστικό μας έχουμε κληρονομήσει
δύο αλληλόμορφα γονίδια

ένα από τον πατέρα μας   **&**   ένα από τη μητέρα μας

Γονότυπος - Φαινότυπος

Γονότυπος
το σύνολο των αλληλόμορφων
που βρίσκονται σε κάθε κύτταρο ενός οργανισμού

Φαινότυπος
το σύνολο των χαρακτηριστικών ενός οργανισμού
(μορφολογικών, ανατομικών, φυσιολογικών κτλ.)

 Ποιο θα είναι το χρώμα ματιών ενός παιδιού αν:

ο πατέρας έχει καστανά μάτια   η μητέρα έχει γαλανά μάτια

αν και οι δύο είναι ομόζυγοι γι' αυτό το χαρακτηριστικό;

* αλληλόμορφο για καστανά μάτια *   *αλληλόμορφο για τα γαλανά μάτια*
        επικρατές Μ   υπολειπόμενο μ

	μ	μ
Μ	Μμ	Μμ
Μ	Μμ	Μμ

γονότυπος πατέρα ΜΜ   γονότυπος μητέρας μμ

ΜΕΙΩΣΗ   ΜΕΙΩΣΗ
4 σπερματοζωάρια   ωάρια
που φέρουν το γονίδιο Μ   που φέρουν το γονίδιο μ

Όλα τα παιδιά θα είναι ετερόζυγα και θα έχουν καστανά μάτια.

Ποιο θα είναι το χρώμα ματιών ενός παιδιού αν:

ο πατέρας

και η μητέρα

είναι και οι δύο ετερόζυγοι για το καστανό χρώμα ματιών;

γονότυπος πατέρα Μμ

ΜΕΙΩΣΗ
4 σπερματοζωάρια
2 που φέρουν το γονίδιο Μ
2 που φέρουν το γονίδιο μ

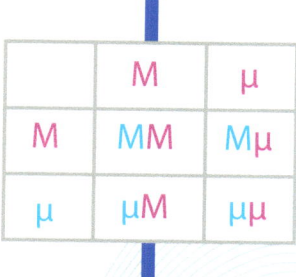

	Μ	μ
Μ	ΜΜ	Μμ
μ	μΜ	μμ

γονότυπος μητέρας Μμ

ΜΕΙΩΣΗ
4 ωάρια
2 που φέρουν το γονίδιο Μ
2 που φέρουν το γονίδιο μ

το παιδί με γονότυπο ΜΜ θα έχει καστανά μάτια
το παιδί με γονότυπο Μμ ή μΜ θα έχει καστανά μάτια
το παιδί με γονότυπο μμ θα έχει γαλανά μάτια

Άρα από αυτό το ζυγωτό:

▶ η πιθανότητα να έχει ένα παιδί καστανά μάτια είναι 75%
▶ η πιθανότητα να έχει ένα παιδί γαλανά μάτια είναι 25%

Οι νόμοι του Mendel

Ο Gregor Johan Mendel πραγματοποίησε την πρώτη επιστημονική μελέτη για τον τρόπο κληρονόμησης των χαρακτηριστικών. Στα επιστημονικά του πειράματα χρησιμοποίησε το φυτό μοσχομπίζελο (Pisum sativum).

1ος νόμος του Mendel - Νόμος διαχωρισμού των αλληλόμορφων γονιδίων

Τα αλληλόμορφα γονίδια διαχωρίζονται και κατανέμονται σε διαφορετικούς γαμέτες. Οι απόγονοι προκύπτουν από τον τυχαίο συνδυασμό των γαμετών.

2ος νόμος του Mendel - Νόμος ανεξάρτητης μεταβίβασης των γονιδίων

Οι απόγονοι που προκύπτουν από τη διασταύρωση ετερόζυγων ατόμων, εμφανίζουν τα χαρακτηριστικά των γονέων τους με καθορισμένη αναλογία.

Μεταλλάξεις

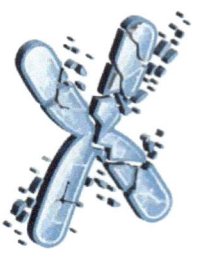

Οι μεταλλάξεις είναι τυχαίες και σπάνιες αλλαγές που μπορεί να συμβούν στο DNA οποιουδήποτε σωματικού ή γεννητικού κυττάρου.

Αίτια:

▶ ακτινοβολία (ιονίζουσα, υπεριώδης)
▶ χημικές ουσίες (εξάνιο, προπανόλη)
▶ φάρμακα (αζαθειοπρίνη, σισπλατίνη)
▶ περιβαλλοντικές τοξίνες (φυτοφάρμακα, βιομηχανικά απόβλητα)
▶ βιολογικοί παράγοντες (ιοί, βακτήρια)

Αποτελέσματα:

▶ ασθένειες (αλφισμός, σύνδρομο Down)
▶ γενετική ποικιλότητα (διαφορετικά χρώματα στα τριαντάφυλλα)
▶ εμβρυικές ανωμαλίες (δυσπλασίες, αποβολή)

Ο ανθρώπινος σκελετός

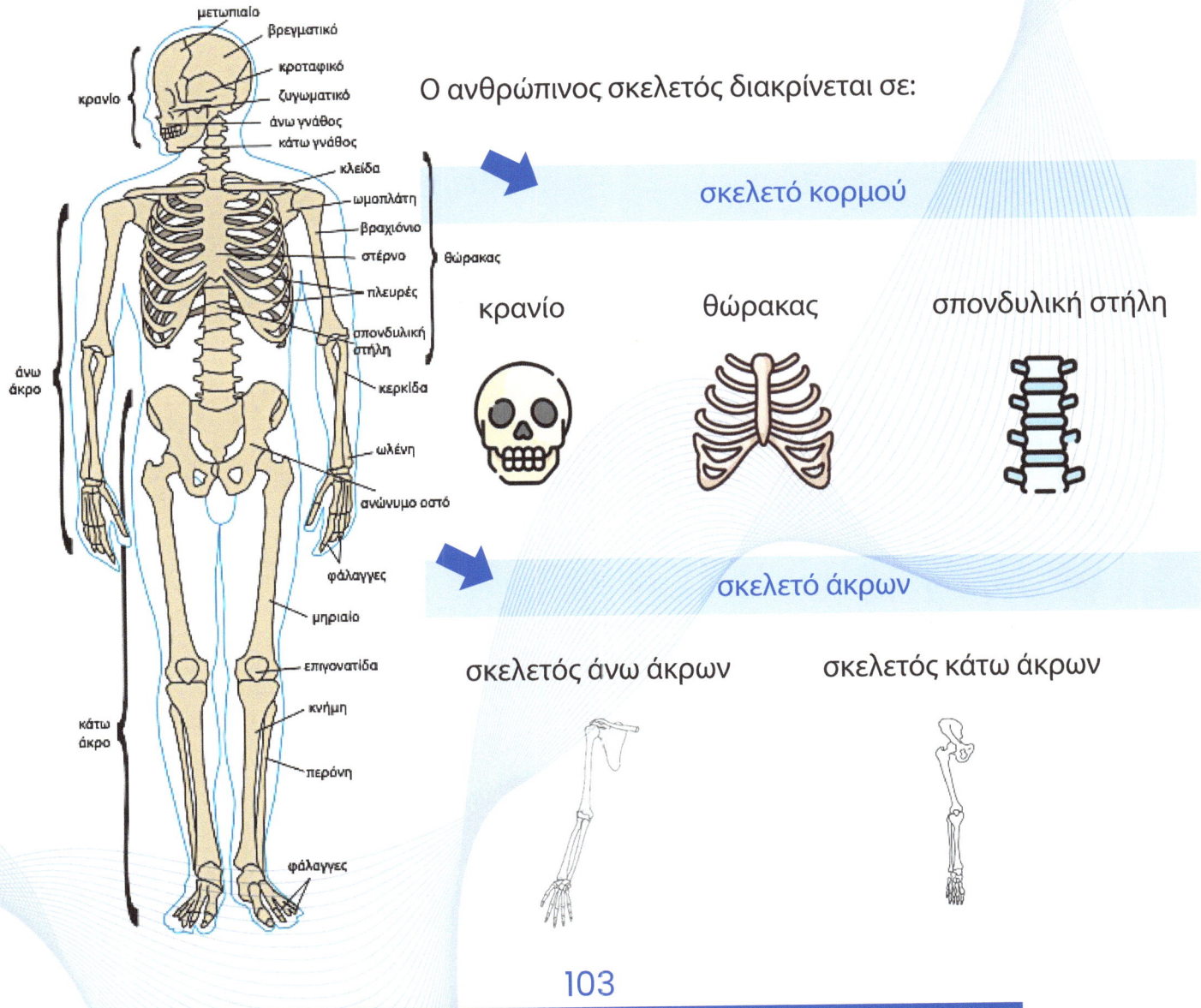

Ο ανθρώπινος σκελετός διακρίνεται σε:

σκελετό κορμού

κρανίο   θώρακας   σπονδυλική στήλη

σκελετό άκρων

σκελετός άνω άκρων   σκελετός κάτω άκρων

Labels on skeleton diagram:

μετωπιαίο
βρεγματικό
κροταφικό
ζυγωματικό
άνω γνάθος
κάτω γνάθος
κρανίο
κλείδα
ωμοπλάτη
βραχιόνιο
στέρνο
θώρακας
πλευρές
σπονδυλική στήλη
κερκίδα
άνω άκρο
ωλένη
ανώνυμο οστό
φάλαγγες
μηριαίο
επιγονατίδα
κνήμη
κάτω άκρο
περόνη
φάλαγγες

Η σπονδυλική στήλη

Η σπονδυλική στήλη αποτελείται από σπονδύλους

Ανάμεσα στους σπονδύλους υπάρχουν ελαστικοί δίσκοι, οι μεσοσπονδύλιοι δίσκοι.

Οι σπόνδυλοι τοποθετούνται ο ένας πάνω στον άλλο, σχηματίζοντας έναν σωλήνα, τον σπονδυλικό σωλήνα. Μέσα στον σωλήνα αυτό προφυλάσσεται ο νωτιαίος μυελός.

Αυχενικό κύρτωμα

Θωρακικό κύρτωμα

Οσφυϊκό κύρτωμα

Ιερό κύρτωμα

Η σπονδυλική στήλη παρουσιάζει τέσσερα κυρτώματα:

δύο προς τα εμπρός (αυχενικό, οσφυϊκό)
&
δύο προς τα πίσω (θωρακικό, ιερό).

Το σχήμα & ο τρόπος άρθρωσης των σπονδύλων βοηθούν τη σπονδυλική στήλη:

✓ να συγκρατεί το βάρος του σώματος &
✓ να είναι ευλύγιστη.

Οι αρθρώσεις

Τα οστά συνδέονται μεταξύ τους με τις αρθρώσεις.

Οι αρθρώσεις διακρίνονται σε

διαρθρώσεις   &   συναρθρώσεις

▶ επιτρέπονται οι κινήσεις
(π.χ.: ώμος)

▶ τα οστά συγκρατούνται
με τη βοήθεια των συνδέσμων

▶ περιβάλλονται από έναν σάκο,
τον αρθρικό θύλακα

▶ κινούνται χωρίς τριβή
μεταξύ τους χάρη στο αρθρικό υγρό,
που δρα ως «λιπαντικό»

▶ οι επιφάνειες επαφής καλύπτονται
από τον αρθρικό χόνδρο

▶ δεν επιτρέπεται καμία κίνηση
(π.χ.: λεκάνη)
ή

▶ επιτρέπονται πολύ περιορισμένες
κινήσεις
(π.χ.: σπονδυλική στήλη)

Τα οστά

Τα οστά

■ αποτελούνται από:

  ▶ κύτταρα (οστεοκύτταρα)
  ▶ άλατα (φωσφόρου και ασβεστίου), που τα κάνουν σκληρά
  ▶ κάποιες ουσίες (π.χ.: κολλαγόνο), που τους προσδίνουν ελαστικότητα

■ καλύπτονται εξωτερικά από μια μεμβράνη, το περιόστεο
  τα κύτταρα του περιοστέου βοηθούν ✓ στην ανάπτυξη των οστών
                                  ✓ στην επούλωσή τους αν σπάσουν

■ στο εσωτερικό τους έχουν κοιλότητες - κάποιες από αυτές περιέχουν
  τον ερυθρό μυελό, ο οποίος παράγει κύτταρα του αίματος

■ ανάλογα με τη μορφή τους, διακρίνονται σε:

μακρά   βραχέα   πλατιά

Οι μύες

Οι μύες έχουν την ικανότητα να συστέλλονται και να χαλαρώνουν. Με την ικανότητά τους αυτή, βοηθούν στις κινήσεις.

σκελετικοί μύες

▶ λειτουργούν με τη θέλησή μας
▶ διαθέτουν τένοντες με τους οποίους προσφύονται στα οστά
▶ συνήθως λειτουργούν κατά ζεύγη: όταν ο ένας συστέλλεται, ο άλλος χαλαρώνει, με αποτέλεσμα την κίνηση των οστών

λείοι μύες

▶ λειτουργούν ανεξάρτητα από τη θέλησή μας
▶ εξυπηρετούν κινήσεις όπως, για παράδειγμα, κινήσεις των τοιχωμάτων του στομάχου και του εντέρου

καρδιακός μυς

▶ συναντάται μόνο στην καρδιά
▶ λειτουργεί ανεξάρτητα από τη θέλησή μας, αλλά έχει διαφορετική δομή από αυτή των λείων μυών

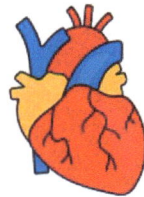

Το αναπνευστικό σύστημα

Το αναπνευστικό σύστημα είναι υπεύθυνο για την ανταλλαγή αερίων στον οργανισμό μας:

▶ εισπνέουμε οξυγόνο, το οποίο μεταφέρεται στο αίμα
▶ εκπνέουμε διοξείδιο του άνθρακα, που μας είναι άχρηστο

Όργανα του αναπνευστικού συστήματος

μύτη: φιλτράρει, υγραίνει & θερμαίνει τον αέρα που εισπνέουμε, απομακρύνοντας σωματίδια και μικρόβια

φάρυγγας: οδηγεί τον αέρα από τη μύτη ή το στόμα προς τον λάρυγγα

λάρυγγας: ελέγχει τη ροή του αέρα προς την τραχεία
αποτρέπει την είσοδο τροφής στους αεραγωγούς

τραχεία: μεταφέρει τον αέρα από τον λάρυγγα στους βρόγχους

βρόγχοι: μεταφέρουν τον αέρα από την τραχεία στους πνεύμονες

πνεύμονες: τα κύρια όργανα της αναπνοής

διάφραγμα & μύες του θώρακα: βοηθούν στην αναπνευστική διαδικασία

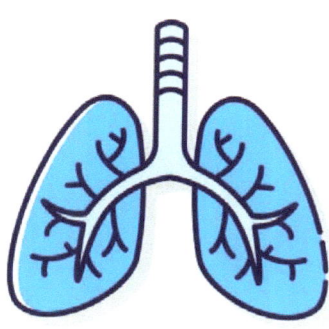

Το καρδιαγγειακό σύστημα

Μέσω του καρδιαγγειακού συστήματος μεταφέρεται σε όλο το σώμα:

- αίμα
- οξυγόνο
- θρεπτικές ουσίες

Όργανα καρδιαγγειακού συστήματος

Καρδιά:

- ο κύριος μυς που αντλεί το αίμα
- έχει τέσσερις κοιλότητες (δύο κόλπους & δύο κοιλίες)
- λειτουργεί ως αντλία

Αιμοφόρα αγγεία:

αρτηρίες   → μεταφέρουν το οξυγονωμένο αίμα από την καρδιά στο σώμα

φλέβες   → επιστρέφουν το αίμα στην καρδιά

τριχοειδή   → μικροσκοπικά αγγεία όπου γίνεται ανταλλαγή αερίων & θρεπτικών ουσιών

Αίμα: μεταφέρει οξυγόνο, διοξείδιο του άνθρακα, θρεπτικά συστατικά

Το πεπτικό σύστημα – Η πορεία της τροφής

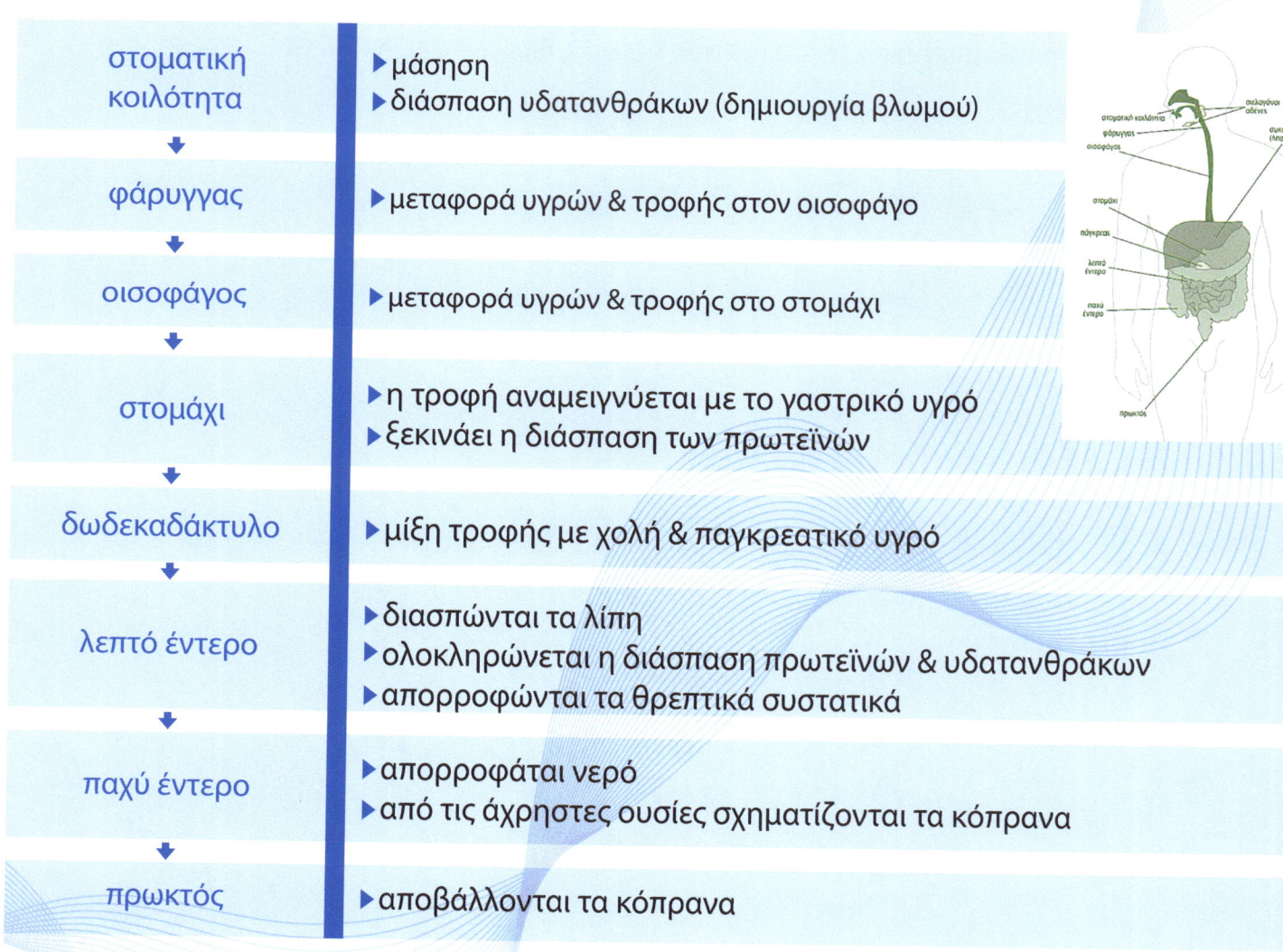

στοματική κοιλότητα	▶ μάσηση ▶ διάσπαση υδατανθράκων (δημιουργία βλωμού)
φάρυγγας	▶ μεταφορά υγρών & τροφής στον οισοφάγο
οισοφάγος	▶ μεταφορά υγρών & τροφής στο στομάχι
στομάχι	▶ η τροφή αναμειγνύεται με το γαστρικό υγρό ▶ ξεκινάει η διάσπαση των πρωτεϊνών
δωδεκαδάκτυλο	▶ μίξη τροφής με χολή & παγκρεατικό υγρό
λεπτό έντερο	▶ διασπώνται τα λίπη ▶ ολοκληρώνεται η διάσπαση πρωτεϊνών & υδατανθράκων ▶ απορροφώνται τα θρεπτικά συστατικά
παχύ έντερο	▶ απορροφάται νερό ▶ από τις άχρηστες ουσίες σχηματίζονται τα κόπρανα
πρωκτός	▶ αποβάλλονται τα κόπρανα

Το νευρικό σύστημα

Το νευρικό σύστημα είναι υπεύθυνο για:

▶ τον έλεγχο & τον συντονισμό όλων των λειτουργιών του σώματος
▶ την προσαρμογή του οργανισμού στις περιβαλλοντικές αλλαγές

Διαχωρίζεται σε:

Κεντρικό Νευρικό Σύστημα (ΚΝΣ)

▶ περιλαμβάνει
τον εγκέφαλο & τον νωτιαίο μυελό
▶ είναι υπεύθυνο για:
– την επεξεργασία πληροφοριών
– τη ρύθμιση βασικών λειτουργιών

- συνείδηση
- μνήμη
- σκέψη
- κίνηση

Περιφερικό Νευρικό Σύστημα (ΠΝΣ):

▶ αποτελείται από τα περιφερικά νεύρα που συνδέουν τον εγκέφαλο και τον νωτιαίο μυελό με το υπόλοιπο σώμα

▶ χωρίζεται σε:
Σωματικό νευρικό σύστημα:
- ελέγχει τις εκούσιες λειτουργίες
- μεταφέρει αισθητηριακές πληροφορίες
Αυτόνομο νευρικό σύστημα:
- ελέγχει τις ακούσιες λειτουργίες
(π.χ.: καρδιακή λειτουργία, αναπνοή)

Το ουροποιητικό σύστημα

✓ επιτελεί την παραγωγή, αποθήκευση & αποβολή των ούρων
✓ είναι ζωτικής σημασίας για την ομοιόσταση

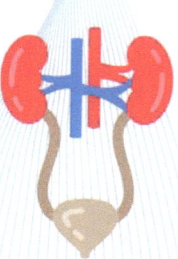

Όργανα ουροποιητικού συστήματος

Νεφροί: ◆ είναι υπεύθυνοι για:
● τη διήθηση του αίματος
● την απομάκρυνση των άχρηστων ουσιών
● τη ρύθμιση της ισορροπίας υγρών & ηλεκτρολυτών

◆ παράγουν ορμόνες όπως:
● ερυθροποιητίνη: ρυθμίζει την παραγωγή ερυθρών αιμοσφαιρίων
● ρενίνη: συμμετέχει στη ρύθμιση της αρτηριακής πίεσης

Ουρητήρες: ◆ μεταφέρουν τα ούρα από τους νεφρούς στην ουροδόχο κύστη

Ουροδόχος κύστη: ◆ λειτουργεί ως αποθηκευτικός χώρος για τα ούρα
μέχρι την αποβολή τους

Ουρήθρα: ◆ σωλήνας που μεταφέρει τα ούρα από την ουροδόχο κύστη
προς το εξωτερικό περιβάλλον κατά την ούρηση

Το αναπαραγωγικό σύστημα

Είναι υπεύθυνο
1. για την αναπαραγωγή του ανθρώπινου είδους
2. για τη διατήρηση και μεταφορά των γενετικών χαρακτηριστικών

Άνδρες

Όργανα:
- όρχεις
- σπερματικοί πόροι
- προστατικός αδένας
- πέος

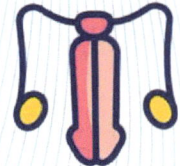

Λειτουργία:
▸ παραγωγή σπέρματος
▸ παραγωγή ορμονών (κυρίως τεστοστερόνης)
▸ μεταφορά του σπέρματος για γονιμοποίηση

Γυναίκες

Όργανα:
- ωοθήκες
- σάλπιγγες
- μήτρα
- κόλπος

Λειτουργία:
▸ παραγωγή ωαρίων
▸ παραγωγή ορμονών (π.χ.: οιστρογόνα, προγεστερόνη)
▸ ανάπτυξη του εμβρύου κατά την εγκυμοσύνη

Ενδοκρινείς & εξωκρινείς αδένες

ΕΝΔΟΚΡΙΝΕΙΣ

▶ εκκρίνουν κυρίως ορμόνες κατευθείαν στο αίμα και έπειτα μεταφέρονται σε μακρινά όργανα όπου ρυθμίζουν κάποιες λειτουργίες
▶ δεν διαθέτουν εκφορητικούς πόρους

Παραδείγματα:

▶ Υποθάλαμος
▶ Υπόφυση
▶ Θυρεοειδής
▶ Παραθυρεοειδείς
▶ Επινεφρίδια
▶ Πάγκρεας (εν μέρει ενδοκρινής)
▶ Ωοθήκες & όρχεις

Λειτουργίες:

▶ Ρύθμιση μεταβολισμού (θυρεοειδής)
▶ Διατήρηση ομοιόστασης (ινσουλίνη)
▶ Ρύθμιση αναπαραγωγής (οιστρογόνα, τεστοστερόνη)

ΕΞΩΚΡΙΝΕΙΣ

▶ εκκρίνουν ένζυμα ή βλέννες στην επιφάνεια ή σε κοιλότητες του σώματος χωρίς να εισέρχονται στην κυκλοφορία του αίματος
▶ διαθέτουν εκφορητικούς πόρους

Παραδείγματα:

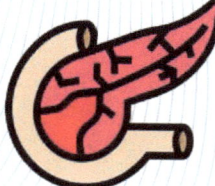

▶ Σιελογόνοι αδένες
▶ Δακρυϊκοί αδένες
▶ Ιδρωτοποιοί αδένες
▶ Σμηγματογόνοι αδένες
▶ Πάγκρεας (εν μέρει εξωκρινής)

Λειτουργίες:

▶ Πέψη (πεπτικά ένζυμα)
▶ Ενυδάτωση και προστασία της επιφάνειας του δέρματος (σμήγμα)
▶ Θερμορύθμιση (ιδρώτας)

Κάθε έννοια, μία καρτέλα!

Ο απόλυτος οδηγός για τη βιολογία όλων των τάξεων του γυμνασίου, που κάνει τη μάθηση εύκολη, γρήγορη και αποτελεσματική.

Γιατί να το επιλέξετε;

Σύντομο & Κατανοητό – Κάθε βασική έννοια εξηγείται με σαφήνεια σε μία μόνο καρτέλα.
Οπτική Μάθηση – Απλές εικόνες και περιεκτικοί πίνακες για γρήγορη απομνημόνευση.
Προετοιμασία για τις προαγωγικές εξετάσεις – Ιδανικό για επανάληψη και γρήγορη κατανόηση.
Ολοκληρωμένος Οδηγός – Από την κυτταρική βιολογία έως την ανθρώπινη ανατομία.

Για ποιους είναι;

Μαθητές γυμνασίου που καλούνται να κατανοήσουν τις βασικές έννοιες του αντικειμένου

Μαθητές λυκείου που επιθυμούν να ανατρέξουν στις θεμελιώδεις αρχές της Βιολογίας

Εκπαιδευτικούς που θέλουν ένα δυναμικό βοήθημα

Η Βιολογία όπως δεν την έχετε ξαναδεί!

Εκδόσεις Well noted

well noted

www.ingramcontent.com/pod-product-compliance
Lightning Source LLC
Chambersburg PA
CBHW041427120626
46547CB00002B/124